高等教育BIM"十三五"规划教材

韩风毅　总主编

建筑设计 BIM应用与实践

周　诣　王丽颖 ｜ 主编

化学工业出版社

·北京·

《建筑设计BIM应用与实践》分为理论与实践两部分，共四个章节内容。第一部分BIM相关理论中第1章主要是对BIM的介绍和Autodesk Revit Architecture介绍；第2章Revit基础知识，主要是对相关术语、软件基础进行介绍——项目、族、软件界面和安装配置以及Autodesk Revit Architecture中相关命令的详细解释和操作说明。第二部分主要介绍建筑设计实践技巧及实际案例，第3章Revit建筑设计技巧，详细介绍了标高、轴网快速绘制技巧，构件设计应用技巧、其他应用技巧以及协同设计应用技巧；第4章由易到难对小别墅、住宅楼、博物馆以及实际项目某老年大学教学楼4个案例进行讲解。通过对本书的学习，可以使读者掌握利用BIM进行建筑设计的基本方法，同时为多专业协同打下良好基础。

本书适用于作为高等院校建筑设计、土木工程、工程管理等专业"BIM建模""BIM建筑设计"等课程的教材使用。同时，也可作为建筑设计人员、施工人员、项目管理人员、物业管理人员的自学用书，还可用做社会培训机构培训教材。

图书在版编目（CIP）数据

建筑设计BIM应用与实践/周诣，王丽颖主编. —北京：化学工业出版社，2018.12
ISBN 978-7-122-33669-9

Ⅰ.①建… Ⅱ.①周… ②王… Ⅲ.①建筑设计-计算机辅助设计-应用软件 Ⅳ.①TU201.4

中国版本图书馆CIP数据核字（2019）第004586号

责任编辑：满悦芝　　　　　　　　　　　　文字编辑：吴开亮
责任校对：刘　颖　　　　　　　　　　　　装帧设计：张　辉

出版发行：化学工业出版社（北京市东城区青年湖南街13号　邮政编码100011）
印　　刷：三河市航远印刷有限公司
装　　订：三河市宇新装订厂
787mm×1092mm　1/16　印张17½　字数403千字　2020年2月北京第1版第1次印刷

购书咨询：010-64518888　　　售后服务：010-64518899
网　　址：http://www.cip.com.cn
凡购买本书，如有缺损质量问题，本社销售中心负责调换。

定　　价：59.80元　　　　　　　　　　　　　版权所有　违者必究

"高等教育 BIM '十三五' 规划教材" 编委会

丛书序

2015年6月，住房和城乡建设部印发《关于推进建筑信息模型应用的指导意见》（以下简称《意见》），提出了发展目标：到2020年年底，建筑行业甲级勘察、设计单位以及特级、一级房屋建筑工程施工企业应掌握并实现BIM技术与企业管理系统和其他信息技术的一体化集成应用。在以国有资金投资为主的大中型建筑以及申报绿色建筑的公共建筑和绿色生态示范小区新立项项目勘察设计、施工、运营维护中，集成应用BIM的项目比例达到90%。《意见》强调BIM的全过程应用，指出要聚焦于工程项目全生命期内的经济、社会和环境效益，在规划、勘察、设计、施工、运营维护全过程中普及和深化BIM应用，提高工程项目全生命期各参与方的工作质量和效率，并在此基础上，针对建设单位、勘察单位、规划和设计单位、施工企业和工程总承包企业以及运营维护单位的特点，分别提出BIM应用要点。要求有关单位和企业要根据实际需求制订BIM应用发展规划、分阶段目标和实施方案，研究覆盖BIM创建、更新、交换、应用和交付全过程的BIM应用流程与工作模式，通过科研合作、技术培训、人才引进等方式，推动相关人员掌握BIM应用技能，全面提升BIM应用能力。

本套教材按照学科专业应用规划了6个分册，分别是《BIM建模基础》《建筑设计BIM应用与实践》《结构设计BIM应用与实践》《机电设计BIM应用与实践》《工程造价BIM应用与实践》《施工项目管理中的BIM技术应用》。系列教材的编写满足了普通高等学校土木工程、地下城市空间、建筑学、城市规划、建筑环境与能源应用工程、建筑电气与智能化工程、给水排水科学与工程、工程造价和工程管理等专业教学需求，力求综合运用有关学科的基本理论和知识，以解决工程施工的实践问题。参加教材编写的院校有长春工程学院、吉林农业科技学院、辽宁建筑职业学院、吉林建筑大学城建学院。为响应教育部关于校企合作共同开发课程的精神，特别邀请吉林省城乡规划设计研究院、吉林土木风建筑工程设计有限公司、上海鲁班软件股份有限公司三家企业的高级工程师参与本套教材的编写工作，增加了BIM工程实用案例。当前，国内各大院校已经加大力度建设BIM实验室和实训基地，顺应了新形势下企业BIM技术应用以及对BIM人才的需求。希望本套教材能够帮助相关高校早日培养出大批更加适应社会经济发展的BIM专业人才，全面提升学校人才培养的核心竞争力。

在教材使用过程中，院校应根据自己学校的BIM发展策略确定课时，无统一要求，走出自己特色的BIM教育之路，让BIM教育融于专业课程建设中，进行跨学科跨专业联合培养人才，利用BIM提高学生协同设计能力，培养学生解决复杂工程能力，真正发挥BIM的优势，为社会经济发展服务。

韩凤毅

2019年3月于长春

前　言

BIM 技术是建筑行业可持续发展的必然趋势，为工程设计领域带来了从二维图纸到三维设计和建造的第二次革命。住房和城乡建设部在《关于推进建筑信息模型应用的指导意见》中指出：到 2020 年末，建筑行业甲级勘察、设计单位以及特级、一级房屋建筑工程施工企业应全面掌握并实现 BIM 与企业管理系统和其他信息技术的一体化系统。另外，在新设立项目的勘察、设计、施工、运营维护的过程中，集成应用 BIM 的项目比例要求达到 90％，BIM 的运用将成为申报绿色建筑的公共建筑和绿色生态示范项目的重要考核指标。

Revit 由 Autodesk 公司开发，是当前我国建筑行业应用最广的一款 BIM 软件。软件将建筑、结构、MEP 结合为一体。本书主要从建筑设计角度出发，对软件的应用进行介绍。Revit 在建筑方案形成的过程中，具有自由绘制草图、快速创建三维形状的特点，同时还可以交互地处理各个形状。它可以利用内置的工具进行复杂形状的设计，为建造和施工准备模型。Revit 能够围绕最复杂的形状自动构建参数化框架，并提供更高的创建控制能力、精确性和灵活性；从概念模型到施工文档的整个设计流程都在一个直观环境中完成。

本书针对建筑设计从业人员进行 BIM 建筑设计时的实际，从基本理论到操作技巧，由浅入深地进行全面介绍。第 1 章绪论，主要介绍 BIM 概述、特点、相关软件；第 2 章 Revit 基础知识，主要介绍 Revit 软件的功能和相关概念，Revit 的用户界面及基本操作，软件基础知识；第 3 章 Revit 建筑设计技巧，主要介绍标高与轴网绘制技巧、建筑构件设计应用技巧、其他应用技巧及协同设计应用技巧；第 4 章 Revit 建筑设计实例，从建筑设计教学案例到实际工程，由简单到复杂，循序渐进地介绍如何在建筑设计中应用 BIM。

本教材由周诣、王丽颖主编，具体分工如下：第 1 章和第 3 章由周诣主要编写；第 2 章由周诣、安雪共同编写；第 3 章由周诣主要编写；第 4 章由王文汐、崔艳鹏、胡聪、李继刚、周诣共同编写。同时，由其他参编人员进行修订。感谢 BIM 产业技术学院的大力支持，感谢化学工业出版社在本书编写中给予的全面指导。

由于编者水平有限，本书不当之处在所难免，衷心希望各位读者批评指正。

编　者
2019 年 10 月

目　录

第一部分　BIM 相关理论 / 001

第 1 章　绪论 / 002

1.1　BIM 介绍 / 003
  1.1.1　BIM 概述 / 003
  1.1.2　BIM 特点 / 004
  1.1.3　BIM 相关软件介绍 / 005
  1.1.4　BIM 在建筑设计中的应用 / 006
1.2　Autodesk Revit Architecture 介绍 / 007

第 2 章　Revit 基础知识 / 009

2.1　相关术语 / 010
  2.1.1　项目 / 010
  2.1.2　族 / 010
2.2　软件基础 / 011
  2.2.1　软件安装及相应配置 / 011
  2.2.2　界面介绍 / 011
  2.2.3　应用程序菜单 / 012
  2.2.4　建筑选项卡 / 012
  2.2.5　注释选项卡 / 028
  2.2.6　体量与场地选项卡 / 036
  2.2.7　视图选项卡 / 042
  2.2.8　管理选项卡 / 060
  2.2.9　修改选项卡 / 064

第二部分　建筑设计实践技巧及实际案例 / 081

第 3 章　Revit 建筑设计技巧 / 082

3.1　标高与轴网绘制技巧 / 083
  3.1.1　标高的绘制和修改 / 083

3.1.2　轴网的绘制和修改 / 086

3.2　建筑构件设计应用技巧 / 088

3.2.1　建筑柱与结构柱的区别、绘制与修改 / 088

3.2.2　梁的绘制与修改 / 089

3.2.3　墙体的绘制与编辑 / 092

3.2.4　幕墙的绘制与编辑 / 096

3.2.5　门、窗的放置和修改 / 099

3.2.6　楼板的编辑和修改 / 101

3.2.7　天花板的绘制与编辑 / 103

3.2.8　屋顶的绘制与编辑 / 104

3.2.9　楼梯的创建与修改 / 105

3.2.10　室外台阶的创建与修改 / 108

3.2.11　坡道的创建与修改 / 110

3.2.12　地形的创建与应用 / 112

3.3　其他应用技巧 / 116

3.3.1　剖面的扩展与应用 / 116

3.3.2　二维详图的设置及应用 / 118

3.3.3　房间、面积、颜色方案的创建方法 / 133

3.3.4　渲染图像的设置及工具使用 / 137

3.3.5　漫游的创建与导出 / 141

3.3.6　图纸、标题栏、明细表 / 144

3.3.7　出图与打印 / 149

3.3.8　概念体量在建筑设计中的应用 / 149

3.4　协同设计应用技巧 / 154

3.4.1　工作集的创建、原理与运用 / 154

3.4.2　多专业文件链接后的碰撞检查以及方法 / 157

第 4 章　Revit 建筑设计实例 / 162

4.1　小别墅建筑设计方案 / 163

4.1.1　设计任务书 / 163

4.1.2　BIM 应用 / 164

4.2　住宅楼建筑设计方案 / 195

4.2.1　设计任务书 / 195

4.2.2　设计构思 / 196

4.2.3　BIM 应用 / 197

4.3　博物馆建筑设计方案 / 216

4.3.1　设计任务书 / 216

4.3.2　任务书解读 / 219

4.3.3 设计前调研准备 / 219

4.3.4 设计构思 / 220

4.3.5 设计过程 / 221

4.3.6 结语 / 260

4.4 实际工程实践——某老年大学教学楼设计方案 / 261

4.4.1 项目简介 / 261

4.4.2 BIM 应用实践 / 261

4.4.3 应用成果 / 269

参考文献 / 272

第一部分 BIM相关理论

第1章
绪论

本章要点

BIM 概述

BIM 特点

BIM 相关软件介绍

BIM 在建筑设计中的应用

Autodesk Revit Architecture 介绍

1.1　BIM 介绍

1.1.1　BIM 概述

BIM——建筑信息模型（Building Information Modeling）是以建筑工程项目的各项相关信息数据作为基础，建立起三维的建筑模型，通过数字信息仿真模拟建筑物所具有的真实信息。它具有可视化、协调性、模拟性、优化性、可出图性等几大特点。BIM 运行于整个建筑生命周期中，可以将建设单位、设计单位、施工单位、监理单位、管理单位等项目参与方集合在同一平台上，共享同一建筑信息模型。

从 BIM 设计过程的资源、行为、交付三个基本维度，给出设计企业的实施标准的具体方法和实践内容。BIM（建筑信息模型）不是简单地将数字信息进行集成，而是一种数字信息的应用，并可以用于设计、建造、管理的数字化方法。这种方法支持建筑工程的集成管理环境，可以使建筑工程在其整个进程中显著提高效率、大量减少风险。

在整个建筑信息系统中最为核心的技术就是数据库。数据库的建立需要计算机技术和三维数字技术的支持，是整个 BIM 技术中最为重要同时也是最难以实现的一个环节。三维模型数据库相比于一般的数据库而言具有下述特点：第一，这个三维数据库要包括和建筑工程项目相关的所有数据信息，同时随着建筑工程项目的不断推进，数据库的数据还要进行不断的更新，即需要包括建筑工程项目从立项到运营维护阶段的各种信息；第二，三维数据库中的数据信息并不是独立存在的，各项数据信息之间具有一定的逻辑关系，在修改其中任何一个数据信息时都会引起其他数据信息的变化，这样才能确保不同专业信息之间的协同性。

此外，三维数据库中的信息还要能在建筑工程项目参与方中共享，即参与建筑工程项目的建设单位、施工单位、监理单位、设计单位等能直接访问数据库，并有权对数据库中的数据信息进行编辑操作。这样可以让建筑工程项目参与方能更加及时地了解建筑工程项目的实施情况，有助于工程项目参与方快速对变更内容做出反应，从而提高决策的效率，有效减少时间和成本的浪费，提高建筑工程项目的效益。

BIM 是指通过数字化技术建立虚拟的建筑模型，也就是单一的、完整一致的、具有逻辑性的建筑信息库。它是三维数字设计、施工、运维等建设工程全生命周期的解决方案。

乔治亚理工大学的 Chuck Eastman 早在 1975 年提出了 BIM 理论，也被称为 BIM 的雏形，经过多年的发展逐步拓展到各个发达国家，在 2003 年传到中国，近年来，掀起了国内建筑业改革的浪潮。

BIM 被誉为第二次建筑设计革命，第一次设计革命是从手绘到 CAD 的过程，也叫做甩图板过程，用电脑取代过去手绘，CAD 节省了时间、操作简单、缩短了设计工期。

但是随着时间的推移、建筑业的进步，CAD日趋满足不了一些复杂的大型建筑的设计需求，因为CAD依然没有摆脱二维空间的束缚。施工人员在看图的时候需要去理解图纸、去想象。而由CAD到BIM的革命不单单具备了CAD的优点，同时把设计上升到了三维的制图阶段，可以说CAD是用线条来表达一个工程而BIM是用数据来表达一个工程，这个数据化模型直观地展现了工程项目，使各参与方更清晰地了解设计意图。

BIM为工程设计领域带来了第二次革命，即从二维图纸到三维设计和建造的革命。同时，对于整个建筑行业来说，建筑信息模型（BIM）也是一次真正的信息革命。BIM增强了项目相关方的信息共享，促进更有效的互动。在传统方式上非专业人员想了解更全面的信息是非常困难的，这其实从某种意义上剥夺了项目相关方在不同阶段提供更有效信息交流的机会。三维信息模型的表达形式就更加直观、易读，颠覆了传统CAD设计成果分散在各个专业各个不同分类、分精度表达的方式，使建设方、设计方、施工方、监理方、使用方等都能比较直观地掌握项目的全貌，降低了非专业人士对项目的理解难度，提升了不同专业间、不同参与方对项目的协同能力。BIM可实现建筑项目全生命周期的信息构建。相较于目前的二维图纸和目前CAD二维制图软件的表达形式，BIM首先创造一个和实际建筑一致的三维模型。传统的设计过程一般是设计师构思一个三维的空间，再在脑海里把它翻译成二维的平、立、剖面，用二维图纸表达出来，再由实施人员根据不同的二维图纸还原成三维的实体空间。多次转换中间就造成很多信息的丢失，呈现出的建筑常常和最初的构思差别很大。BIM弥补了二维空间的不足，满足了人们的更多设计需求。

1.1.2　BIM特点

1.1.2.1　可视化

可视化即"所见所得"的形式。BIM提供了可视化的思路，让人们将以往的线条式的构件形成一种三维的立体实物图形展示在人们的面前。BIM提到的可视化是一种能够同构件之间形成互动性和反馈性的可视。在BIM建筑信息模型中，由于整个过程都是可视化的，所以可视化的结果不仅可以用来展示效果图及生成报表，更重要的是，项目设计、建造、运营过程中的沟通、讨论、决策都在可视化的状态下进行。

1.1.2.2　协调性

BIM建筑信息模型可在建筑物建造前期对各专业的碰撞问题进行协调，生成协调数据，并将结果提供出来。当然BIM的协调作用也并不是只能解决各专业间的碰撞问题，在整个项目周期中各个专业的设计师还可以在统一模型、统一平台上沟通，通过多专业的实时协调，在起始阶段就把问题在模型上解决掉。BIM不光解决多专业之间的问题，同时也能求得电梯井布置与其他设计布置及净空要求之协调、防火分区与其他设计布置之协调、地下排水布置与其他设计布置之协调等。

1.1.2.3　模拟性

模拟性并不是只能模拟设计出的建筑物模型，还可以模拟不能够在真实世界中进行操作的事物。在设计阶段，BIM可以对设计上需要进行模拟的一些东西进行模拟实验，例如：节能模拟、紧急疏散模拟、日照模拟、热能传导模拟等；在招投标和施工阶段可以进行 4D 模拟（三维模型加项目的发展时间），也就是根据施工的组织设计模拟实际施工，从而来确定合理的施工方案来指导施工，同时还可以进行 5D 模拟（基于 3D 模型的造价控制），从而来实现成本控制；后期运营阶段可以模拟日常紧急情况的处理方式，例如地震人员逃生模拟及消防人员疏散模拟等。

1.1.2.4　优化性

BIM 模型提供了建筑物的实际存在的信息，包括几何信息、物理信息、规则信息，还提供了建筑物变化以后的实际存在的信息。复杂程度高到一定程度，参与人员本身的能力无法掌握所有的信息，必须借助一定的科学技术和设备的帮助。现代建筑物的复杂程度大多超过参与人员本身的能力极限，BIM 及与其配套的各种优化工具提供了对复杂项目进行优化的可能。基于 BIM 的优化可以做下面的工作。

（1）项目方案优化　把项目设计和投资回报分析结合起来，设计变化对投资回报的影响可以实时计算出来，这样业主对设计方案的选择就不会主要停留在对形状的评价上，而更多可以使得业主知道哪种项目设计方案更有利于自身的需求。

（2）特殊项目的设计优化　例如裙楼、幕墙、屋顶、大空间等可以看到异形设计，这些内容看起来占整个建筑的比例不大，但是占投资和工作量的比例和前者相比却往往要大得多，而且通常也是施工难度比较大和施工问题比较多的地方，对这些内容的设计施工方案进行优化，可以显著缩短工期和节省造价。

1.1.2.5　可出图性

BIM 并不是为了出人们日常多见的建筑设计院所出的建筑设计图纸，及一些构件加工的图纸，而是通过对建筑物进行了可视化展示、协调、模拟、优化以后，可以帮助业主出如下图纸：

① 综合管线图（经过碰撞检查和设计修改，消除了相应错误以后）；

② 综合结构留洞图（预埋套管图）；

③ 碰撞检查侦错报告和建议改进方案。

1.1.3　BIM 相关软件介绍

（1）BIM 核心建模软件　主要分四个门派（软件需要逐个校对下主要共能）。

① Autodesk 公司的 Revit 建筑、结构和机电系列，在民用建筑市场借助 AutoCAD 的天然优势，有相当不错的市场表现；

② Bentley 建筑、结构和设备系列，Bentley 产品在工厂设计（石油、化工、电力、医药等）和基础设施（道路、桥梁、市政、水利等）领域有无可争辩的优势；

③ 2007 年 Nemetschek 收购 Graphisoft 以后，ArchiCAD/AllPLAN/VectorWorks 三个产品就被归到同一个门派里面了，其中国内同行最熟悉的是 ArchiCAD，属于一个面向全球市场的产品，应该可以说是最早的一个具有市场影响力的 BIM 核心建模软件，但是在中国由于其专业配套的功能（仅限于建筑专业）与多专业一体的设计院体制不匹配，很难实现业务突破。Nemetschek 的另外两个产品，AllPLAN 主要市场在德语区，VectorWorks 则是其在美国市场使用的产品名称。

④ Dassault 公司的 CATIA 是全球最高端的机械设计制造软件，在航空、航天、汽车等领域具有接近垄断的市场地位，应用到工程建设行业无论是对复杂形体还是超大规模建筑其建模能力、表现能力和信息管理能力都比传统的建筑类软件有明显优势，而与工程建设行业的项目特点和人员特点的对接问题则是其不足之处。Digital Project 是 Gery Technology 公司在 CATIA 基础上开发的一个面向工程建设行业的应用软件（二次开发软件），其本质还是 CATIA，就跟天正的本质是 AutoCAD 一样。

（2）BIM 方案设计软件　目前主要的 BIM 方案软件有 Onuma Planning System 和 Affinity 等。

（3）BIM 结构分析软件　ETABS、STAAD、Robot 等国外软件以及 PKPM 等国内软件。

（4）BIM 可视化软件　常用的可视化软件包括 3DS Max、Artlantis、AccuRender 和 Lightscape 等。

（5）BIM 模型综合碰撞检查软件　常见的模型综合碰撞检查软件有鲁班软件、Autodesk Navisworks、Bentley Projectwise Navigator 等。

（6）BIM 造价管理软件　BIM 造价管理有广联达、鲁班等。

1.1.4　BIM 在建筑设计中的应用

BIM 三维信息模型是以三维信息技术与管理技术为依托，通过对每一个建筑构件的搭建，在规划设计阶段提前把施工在计算机中模拟出来，这样不但可以把施工前置，也可以在前期解决方案、设计、施工的问题。BIM 技术不仅适用于大规模和复杂工程，而且对普通工程也有很好的效果，同时可以结合装配式项目进行主体构架的任意搭接，最终得到最优方案。

1.1.4.1　在规划设计阶段的应用

在规划设计阶段可以通过对整体建筑、景观、道路等构件的搭建，同时利用 BIM 技术对场地、方向、高程、气流、声、光、人员疏散、节能等环境的模拟，整体地把规划图纸以三维的模型呈现到人们面前。通过对整体规划的优化模拟得出最佳的规划方案，为初步设计提供扎实有力的方案依据。

1.1.4.2　在方案阶段的应用

根据提供的方案信息建立 BIM 模型，将 BIM 模型应用到方案设计的可视化交流探讨中。三维模型的表现直观，比传统二维图纸更加准确、信息更丰富，易于观察理解、便于交流，可有效提高沟通效率。BIM 模型还可以导入到相关性能化分析软件，避免重新建模，为业主优化方案提供合理的参考和判断依据。

1.1.4.3　在初步设计阶段的应用

根据初步设计的各专业图纸，建立扩初模型。协助项目公司进一步确认设计的建筑空间和各系统关系，对设计进行初步检验，进行各专业间的碰撞检查，把检查报告和相应碰撞优化建议提交给项目公司及相关设计单位，在拿到设计方修改的图纸后，更新复合模型，帮助优化项目设计，规避一些错误从而减少之后更改带来的浪费。

1.1.4.4 在施工图阶段（建立施工图模型、碰撞检查及设计优化）的应用

基于施工图的 BIM 模型是工程在设计阶段的信息集成，为后续深化设计调整提供准确的各专业汇总信息；更新模型为重大工程调整和中小工程调整提供信息整合的数据平台和工作节点，有助于工程各相关方在准确的项目信息的基础上进行深化调整、施工研讨、成本预估，作出准确的决策。

根据最终版施工图，建立包含建筑、结构、机电等专业完整的 BIM 模型，模型深度要满足施工图深度规范要求，进行碰撞检查、提出优化建议给项目公司，根据设计院提交的更新后图纸复核更新模型。这样就可在施工前提前发现并解决相关问题，有效提高设计质量，有利于项目成本和工期的控制。

1.1.4.5 在设计协调阶段的应用

协助项目公司协调包括土建、幕墙、钢构、公共区域精装（如大堂、电梯厅、卫生间等公共区域）等相关设计方，根据递交的相关图纸，代入到模型中，在模型中进行设计校核，将发现的问题提交项目公司和相关顾问单位更新，从而提升项目所获设计服务的质量。

1.2 Autodesk Revit Architecture 介绍

BIM 支持建筑师在施工前更好地预测竣工后的建筑，使他们在当今复杂的商业环境中保持竞争优势。BIM 能够帮助建筑师减少错误和浪费，以此提高利润和客户满意度，进而创建可持续性更高的精确设计。BIM 能够优化团队协作，其支持建筑师与工程师、承包商、建造人员和业主更加清晰、可靠地沟通设计意图。Autodesk Revit Architecture 软件专为建筑信息模型（BIM）而构建。

建筑行业中的竞争极为激烈，需要采用独特的技术来充分发挥专业人员的技能和丰富经验。Autodesk Revit Architecture 消除了很多庞杂的任务，建筑师对其非常满意。Autodesk Revit Architecture 软件能够帮助建筑师在项目设计流程前期探究最新颖的设计概念和外观，并能在整个施工文档中忠实传达建筑师的设计理念。Autodesk Revit Architecture 面向建筑信息模型（BIM）而构建，支持可持续设计、碰撞检测、施工规划和建造，同时帮助建筑师与工程师、承包商与业主更好地沟通协作。设计过程中的所有变更都会在相关设计与文档中自动更新，实现更加协调一致的流程，获得更加可靠的设计文档。

Autodesk Revit Architecture 全面创新的概念设计功能带来易用工具，帮助建筑师进行自由形状建模和参数化设计，并且还能够让建筑师对早期设计进行分析。借助这些功能，建筑师可以自由绘制草图，快速创建三维形状，交互地处理各个形状。建筑师可以利用内置的工具进行复杂形状的概念澄清，为建造和施工准备模型。随着设计的持续推进，Autodesk Revit Architecture 能够围绕最复杂的形状自动构建参数化框架，并为建筑师提供更高的创建控制能力、精确性和灵活性。从概念模型到施工文档的整个设计

流程都在一个直观环境中完成。

　　Revit 是 Autodesk 公司一套系列软件的名称。Revit 系列软件是专为建筑信息模型（BIM）构建的，可帮助建筑设计师设计、建造和维护质量更好、能效更高的建筑。Autodesk Revit 结合了 Autodesk Revit Architecture、Autodesk Revit MEP 和 Autodesk Revit Structure 软件的功能。Autodesk Revit 系列软件可提供支持建筑设计、MEP 工程设计和结构工程设计的工具。

第 2 章
Revit基础知识

本章要点

相关术语

软件基础

2.1 相关术语

2.1.1 项目

建筑物由很多构件组成，如墙、楼板、屋顶、楼梯、门窗、柱、梁、管道等不同实例类别。在 Revit 中，项目就是指由不同的图元组成的，用于表达建筑的数字化、信息化模型。图元除了实例图元外还包括文字注释、尺寸标注、标高标注等。文件格式为 .rvt。该文件格式中包含所有的建筑模型、注释、识图、图纸等项目文件。通常可以通过项目样板文件 .rte 来创建项目文件。通过样板来新建项目，可以直接选中建筑样板、构造样板等来建立新项目，也可以点击"浏览"，通过已有的样板文件来建立项目。已有的项目样板中，族文件根据项目需要比较全面，而通过直接选中建筑样板的文件来建立项目的文件中，族文件比较少，需要通过插入、自己建立来充实整个项目。

2.1.2 族

族是 Revit 项目的基础，项目由门、窗、墙体、楼板等一系列基本图元组成，除了三维图元外，还包括文字、尺寸标注等图元。而图元都是由某一特定族产生的，由一个族产生的各图元均具有详细的属性或参数。如对于一个平开窗族，由该族产生的图元都可以具有高度、宽度等参数，但具体每个窗的高度、宽度数值可以不同，不同之处由该族的类型或实例参数决定。

Revit 中族有以下三种。

（1）可载入族　该族可以通过插入，载入到项目中，格式为 .rfa，在 Revit 中门、窗、装置、植物等都是可载入族，具有高度自定义性，创建可载入族时，需用软件提供的族样板，样板中包含有关创建族的信息。

（2）系统族　系统族是已经在项目中预定义并只能在项目中进行创建和修改的族类型，不能作为外部文件载入或创建。但可以在项目和样板间复制、粘贴或传递系统族类型。

（3）内建族　只能存储在当前的项目文件里，不能单独存成 .rfa 格式，也不能用在别的项目文件中。通过内建族，可以在项目中实现各种异型造型的创建以及导入其他三维软件创建的三维实体模型。同时再通过设置内建族类别，还可以使内建族具备相应组类别的特殊属性以及明细表的分类统计。如在创建内建族时设定内建族的族类别为楼板，则该内建族就具有了楼板的特性。

2.2 软件基础

2.2.1 软件安装及相应配置

Revit 2016 安装前对电脑硬件的要求如下。

操作系统：Windows 7 以上 64 位系统（企业版、专业版或家庭版都可以）。

CPU：单核或多核 Intel ® Pentium ®、Xeon ® 或 i 系列处理器或采用 SSE2 技术的同等 AMD ®以上处理器，建议尽可能使用高主频 CPU。Revit 软件产品的许多任务要使用多核，最多需要 16 核进行接近照片级真实感的渲染操作。

内存：最低 4GB RAM。此大小通常足够一个约占 100MB 磁盘空间的单个模型进行常见的编辑会话。该评估基于内部测试和客户报告。不同模型对计算机资源的使用情况和性能特性要求会各不相同。

视频显示：1280×1024 真彩色。

DPI 设置显示：150% 或更少。

视频适配器：支持 24 位色的显示适配器。

磁盘空间：5GB 可用磁盘空间。

2.2.2 界面介绍

首先，打开 Revit 软件，选择菜单栏里的"文件"→"新建"选项。

在弹出来的窗口里，根据自己的需求选择样板，点击"确定"，见图 2-1。

图 2-1

这就是 Revit 的常见界面，它的界面和其他绘图软件类似，中心最大的区域是绘图区，周边是各种绘图命令，见图 2-2。

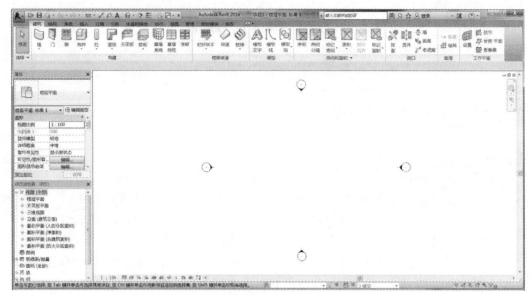

图 2-2

2.2.3 应用程序菜单

应用程序菜单就是整个界面左上角的大写"R"，点击这个 R，会出现一个下拉菜单。里面的内容是跟文件和打印有关的选项，常用的功能都可以在这里实现。

2.2.4 建筑选项卡

绘制建筑类图纸需要使用建筑选项卡。

点击选项卡里的"建筑"，下面会自动切换成建筑选项卡，见图 2-3。

图 2-3

2.2.4.1 墙

（1）墙：建筑 点击"墙：建筑"，在绘图区点一点，再根据距离点第二点就完成了一段墙的绘制，墙体可以连续绘制，也可以绘制斜向的墙，如图 2-4。

修改：点击"修改"命令，用箭头点选已画好的墙体，然后可在左侧的"属性"面板里修改墙体的各种属性。

（2）画面墙 通过拾取线或面从体量实例创建墙。用此工具将墙放置在体量实例或

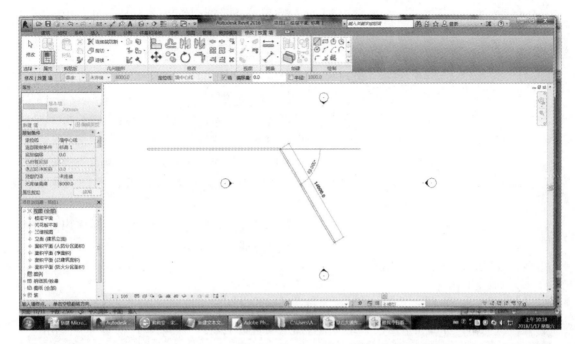

图 2-4

常规模型的非水平面上。

要清除选择并重新开始选择，可以在选中需要的面后，单击"修改│放置面墙"选项卡→"多重选择"面板→"创建墙"，如图 2-5 所示。

（3）墙：饰条　使用"饰条"工具向墙中添加踢脚板、冠顶饰或其他类型的装饰用水平或垂直投影。

（4）墙：分隔条　使用"分隔缝"工具将装饰用水平或垂直剪切添加到立面视图或三维视图中的墙。

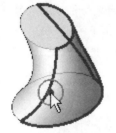

图 2-5

打开三维视图或不平行立面视图。单击"建筑"选项卡→"构建"面板→"墙"下拉列表→"墙：分隔缝"。在"类型选择器"中，选择所需的墙分隔缝类型。单击"修改│放置墙分隔缝"→"放置"面板，并选择墙分隔缝的方向："水平"或"垂直"。将光标放在墙上以高亮显示墙分隔缝位置。单击以放置分隔缝。如果需要，可以为相邻的墙添加分隔缝。Revit 会在各相邻墙体上预选分隔缝的位置。要完成对墙分隔缝的放置，单击视图中墙以外的位置，见图 2-6。

2.2.4.2　门

使用"门"工具在建筑模型的墙中放置门，洞口将自动剪切进墙以容纳门。

将光标移到墙上以显示门的预览图像。在平面视图中放置门时，按"空格"键可将开门方向从左开翻转为右开。要翻转门面（使其向内开或向外开），可相应地将光标移到靠近内墙边缘或外墙边缘的位置。

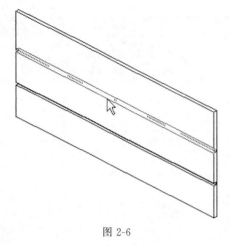

图 2-6

默认情况下，临时尺寸标注指示从门中心线到最近垂直墙的中心线的距离。预览图像位于墙上所需位置时，单击以放置门。

修改门的属性和修改墙的属性是一样的。

2.2.4.3 窗

可将窗添加到任何类型的墙内或将天窗添加到内建屋顶。

要将窗添加到幕墙嵌板上，必须首先将嵌板修改为墙，将光标移到墙上以显示窗的预览图像。

默认情况下，临时尺寸标注指示从窗中心线到最近垂直墙的中心线的距离。预览图像位于墙上所需位置时，单击以放置窗。

2.2.4.4 构件

放置构件：可以将独立构件放置在建筑模型中。打开适用于要放置的构件类型的项目视图。例如，可以在平面视图或三维视图中放置桌子，但不能在剖面视图或立面视图中放置。在"属性"选项板顶部的"类型选择器"中，选择所需的构件类型。如果所需的构件族尚未载入项目中，可单击"修改|放置构件"选项卡→"模式"面板→"载入族"。之后，在"载入族"对话框中定位到适当的类别文件夹，选择族，然后单击"打开"以将该族添加到类型选择器。

如果选定构件族已定义为基于面或基于工作平面的族，可在"修改|放置构件"选项卡→"放置"面板上单击下列选项之一：

① 放置在垂直面上。此选项仅用于某些构件，仅允许放置在垂直面，见图 2-7。

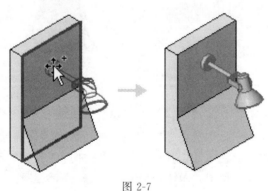

图 2-7

② 放置在面上。此选项允许在面上放置，且与方向无关，如图 2-8。

③ 放置在工作平面上。此选项要求在视图中定义活动工作平面。可以在工作平面上的任何位置放置构件，如图 2-9。

在绘图区域中，移动光标直到构件的预览图像位于所需位置。如果要修改构件的方向，可按"空格"键以通过其可用的定位选项旋转预览图像。当预览图像位于所需位置和方向时，单击以放置构件。放置构件后，可以指定当附近墙移动时该构件移动。

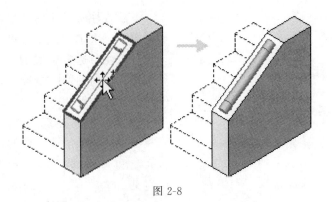

图 2-8

内建模型：创建内建图元使用许多与创建可载入族相同的族编辑器工具。点击内建模型，会出现一个选择族的面板。在"族类别和族参数"对话框中，为图元选择一个类别，然后单击"确定"。如果选择了某个类别，则内建图元的族将在项目浏览器的该类别下显示，并添加到该类别的明细表中，而且还可以在该类别中控制该族的可见性。在"名称"对话框中，键入一个名称，并单击"确定"，族编辑器即会打开。使用族编辑器工具创建内建图元，完成内建图元的创建之后，单击"完成模型"，如图 2-10。

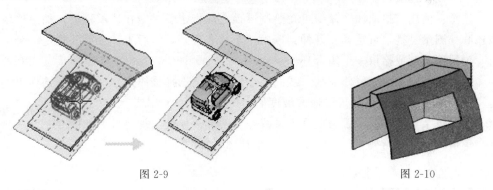

图 2-9   图 2-10

2.2.4.5 柱

点击柱的下拉菜单，会出现结构柱和"柱：建筑"两个选项。结构柱主要起结构支撑作用，在结构选项卡下的结构柱，与此相同，而建筑柱是装饰柱，没有结构支撑作用。

（1）"结构柱" 放置垂直结构柱，单击结构柱。从"属性"选项板上的"类型选择器"下拉列表中，选择一种柱类型。

在选项栏上指定下列内容：

①"放置后旋转"。选择此选项可以在放置柱后立即将其旋转。

②"标高"（仅限三维视图）。为柱的底部选择标高。在平面视图中，该视图的标高即为柱的底部标高。

③"深度"。此设置从柱的底部向下绘制。要从柱的底部向上绘制，可选择"高度"。

④"标高/未连接"。选择柱的顶部标高；或者选择"未连接"，然后指定柱的高度。

柱捕捉到现有几何图形。柱放置在轴网交点时，两组网格线将高亮显示，如图 2-11。

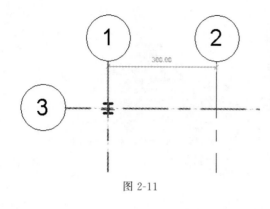

图 2-11

放置柱时，使用"空格"键更改柱的方向。每次按"空格"键时，柱将发生旋转，以便与选定位置的相交轴网对齐。在不存在任何轴网的情况下，按"空格"键时会使柱旋转90°。

（2）"柱：建筑" 可以在平面视图和三维视图中添加柱。柱的高度由"底部标高"和"顶部标高"属性以及"偏移"定义。

2.2.4.6 屋顶

（1）迹线屋顶 创建屋顶时使用建筑迹线定义其边界。如果试图在最低标高上添加屋顶，则会出现一个对话框，提示将屋顶移动到更高的标高上。如果选择不将屋顶移动到其他标高上，Revit 会随后提示屋顶是否过低。

在"绘制"面板上，选择某一绘制或拾取工具。若要在绘制之前编辑屋顶属性，可使用"属性"选项板。

注意：使用"拾取墙"命令可在绘制屋顶之前指定悬挑。在选项栏上，如果希望从墙核心处测量悬挑，可选择"延伸到墙中（至核心层）"，然后为"悬挑"指定一个值。

为屋顶绘制或拾取一个闭合环。

指定坡度定义线。要修改某一线的坡度定义，请选择该线，在"属性"选项板上单击"定义屋顶坡度"，然后可以修改坡度值。

如果将某条屋顶线设置为坡度定义线，它的旁边便会出现符号，如图2-12。

单击"完成编辑模式"，然后打开三维视图，如图2-13。

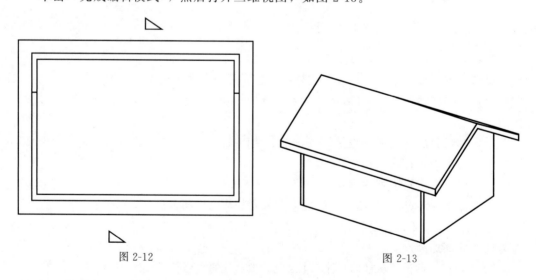

图 2-12   图 2-13

（2）拉伸屋顶 通过拉伸绘制的轮廓来创建屋顶。显示立面视图、三维视图或剖面视图。单击"建筑"选项卡→"构建"面板→"屋顶"下拉列表→"拉伸屋顶"。指定工作平面。

在"屋顶参照标高和偏移"对话框中,为"标高"选择一个值。默认情况下,将选择项目中最高的标高。要相对于参照标高提升或降低屋顶,可为"偏移"指定一个值。Revit 将以指定的偏移放置参照平面。使用参照平面,可以相对于标高控制拉伸屋顶的位置。

绘制开放环形式的屋顶轮廓,如图 2-14。

(3) 面屋顶 可使用"面屋顶"工具在体量的任何非垂直面上创建屋顶,如图 2-15。

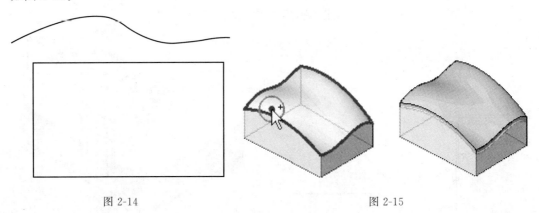

图 2-14   图 2-15

(4) 屋檐:底板 可以将屋檐底板与其他图元(例如墙和屋顶)关联。如果更改或移动了墙或屋顶,檐底板也将相应地进行调整。

用户还可以创建与其他图元不相关联的檐底板。要创建非关联屋檐底板,可在草图模式中使用"线"工具。可以通过绘制坡度箭头或修改边界线的属性来创建倾斜檐底板。

单击"修改|创建屋檐底板边界"选项卡→"绘制"面板→"拾取屋顶边"。

此工具将创建锁定的绘制线。

注意"连接几何图形"工具用于连接前一图中的檐底板和屋顶。为完成图像,可将檐底板连接到墙,然后将墙连接到屋顶。

(5) 屋顶:封檐板 添加封檐带,可使用"封檐带"工具将封檐带添加屋顶、檐底板、模型线和其他封檐带的边。高亮显示屋顶、檐底板、其他封檐带或模型线的边缘,然后单击以放置此封檐带。

封檐带轮廓仅在围绕正方形截面屋顶时正确斜接。图 2-16 中的屋顶是通过沿带有正方形双截面椽截面的屋顶的边缘放置封檐带而创建的。

(6) 屋顶:檐槽 添加檐沟。使用"檐沟"工具将檐沟添加到屋顶、檐底板、模型线和封檐带。

高亮显示屋顶、层檐底板、封檐带或模型线的水平边缘,并单击以放置檐沟。

单击边缘时,Revit 会将其视为一

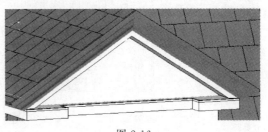

图 2-16

条连续的檐沟。

单击"修改|放置檐沟"选项卡→"放置"面板→"重新放置檐沟"完成当前檐沟，并放置不同的檐沟。

将光标移到新边缘并单击"放置"。

要完成放置檐沟的操作，可单击视图中的空白区域，如图 2-17。

2.2.4.7　天花板

使用"天花板"工具在天花板所在的标高之上按指定的距离创建天花板。若要放置天花板，单击构成闭合环的内墙或绘制其边界，如图 2-18。

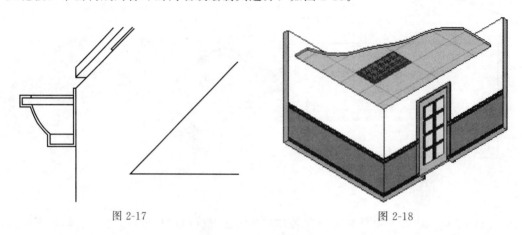

图 2-17　　　　　　　　　　　　　　　图 2-18

用户可以创建由墙定义的天花板，也可以绘制其边界。

若要修改天花板，要将其选中，然后使用"修改|天花板"选项卡中的工具。

修改实例属性来修改天花板的标高和偏移、坡度及其他属性。

修改类型属性来更改天花板的结构和厚度、其填充样式和其他属性。

2.2.4.8　楼板

（1）楼板：建筑　创建楼板，需要拾取墙或使用绘制工具绘制其轮廓来定义边界。

（2）楼板：结构　选择支撑框架、墙或绘制楼板范围来创建结构墙。在"类型选择器"中，指定结构楼板类型。在功能区上，单击"边界线"。单击"拾取墙"，然后选择边界墙（注：可以绘制结构楼板而不是拾取墙）。在功能区的"绘制"面板上，使用绘制工具形成结构楼板的边界。草图必须形成闭合环或边界条件。

若要更改跨方向，单击"跨方向"，然后单击所需的边或线。

（可选）在选项栏上：为楼板边缘指定偏移量。选择"延伸到墙中（至核心层）"，如图 2-19。

（3）面楼板　要使用"面楼板"工具，需要先创建体量楼层。体量楼层在体量实例中计算楼层面积。在"类型选择器"中，选择一种墙类型。

图 2-19

（可选）要从单个体量面创建楼板，单击"修改|放置面楼板"选项卡→"多重选择"面板→"选择多个"以禁用此选项，（默认情况下，处于启用状态。）

移动光标以高亮显示某一个体量楼层。单击以选择体量楼层。如果已清除"选择多个"选项，则立即会有一个楼板被放置在该体量楼层上。如果已启用"选择多个"，请选择多个体量楼层。单击未选中的体量楼层即可将其添加到选择中。单击已选中的体量楼层即可将其删除。光标将指示是正在添加（＋）体量楼层还是正在删除（－）体量楼层。

要清除整个选择并重新开始，单击"修改|放置面楼板"选项卡→"多重选择"面板→"清除选择"。选中需要的体量楼层后，单击"修改|放置面楼板"选项卡→"多重选择"面板→"创建楼板"，如图2-20。

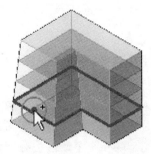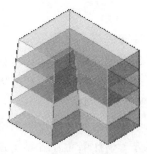

图 2-20

（4）楼板：楼板边　可以通过选取楼板的水平边缘来添加楼板边缘。可以将楼板边缘放置在二维视图（如平面或剖面视图）中，也可以放置在三维视图中。高亮显示楼板水平边缘，并单击鼠标以放置楼板边缘。

观察状态栏以寻找有效参照。例如，如果将楼板边缘放置在楼板上，"状态栏"可能显示："楼板：基本楼板：参照"。也可以单击模型线。

在剖面中放置楼板边缘时，将光标靠近楼板的角部以高亮显示其参照。

单击边缘时，Revit会将其作为一个连续的楼板边缘。如果楼板边缘的线段在角部相遇，它们会相互斜接。

要完成当前的楼板边缘，单击"修改|放置楼板边缘"选项卡→"放置"面板→"重新放置楼板边缘"。

要开始其他楼板边缘，将光标移动到新的边缘并单击以放置。

要完成楼板边缘的放置，单击"修改|放置楼板边缘"选项卡→"选择"面板→"修改"，如图2-21。

2.2.4.9　幕墙系统

使用"面幕墙系统"工具可在任何体量面或常规模型面上创建幕墙系统。幕墙系统没有可编辑的草图。如果需要关于垂直体量面的可编辑草图，需使用幕墙。要清除选择并重新开始选择，单击"修改|放置面幕墙系统"选项卡→"多重选

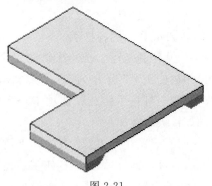

图 2-21

择"面板→"清除选择"。

在所需的面处于选中状态下，单击"修改|放置面幕墙系统"选项卡→"多重选择"面板→"创建面幕墙"，如图2-22。

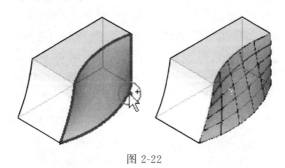

图 2-22

2.2.4.10 幕墙网格

如果绘制了不带自动网格的幕墙，可以手动添加网格。打开三维视图或立面视图。单击"结构"选项卡→"构建"面板→"幕墙网格"。

单击"修改|放置幕墙网格"选项卡→"放置"面板，然后选择放置类型。

沿着墙体边缘放置光标，会出现一条临时网格线。单击以放置网格线。

网格的每个部分（设计单元）将以所选类型的一个幕墙嵌板分别填充。

2.2.4.11 竖梃

创建幕墙网格后，可以在网格线上放置竖梃。

将幕墙网格添加到幕墙或幕墙系统中。

单击"建筑"选项卡→"构建"面板→"竖梃"。

在"类型选择器"中，选择所需的竖梃类型。

在"修改|放置竖梃"选项卡→"放置"选项卡上，选择下列工具之一。

网格线：单击绘图区域中的网格线时，此工具将跨整个网格线放置竖梃。

单段网格线：单击绘图区域中的网格线时，此工具将在单击的网格线的各段上放置竖梃。

所有网格线：单击绘图区域中的任何网格线时，此工具将在所有网格线上放置竖梃。

单击"修改"。竖梃根据网格线调整尺寸，并自动在与其他竖梃的交点处进行拆分。可以修改竖梃的属性。

2.2.4.12 栏杆扶手

（1）绘制路径　通过绘制创建栏杆扶手。单击"建筑"选项卡→"楼梯坡道"面板→"栏杆扶手"下拉列表→"绘制路径"。要设置栏杆扶手的主体，可依次单击"修改|创建栏杆扶手路径"选项卡→"工具"面板→"拾取新主体"，并将光标放在主体（例如楼板或楼梯）附近。

（2）放置在主体上　在主体上放置栏杆扶手。如果在创建楼梯或坡道时未包括栏杆扶手，可以稍后再添加栏杆扶手。还可以将栏杆扶手放置在地板上。

在基于构件的楼梯上放置栏杆扶手时，可以选择将其放置在楼梯踏板或梯边梁上。

在放置后修改栏杆扶手位置的步骤。

单击"结构"选项卡→"楼梯坡道"面板→"栏杆扶手"下拉列表→"放置在主体上"。

对于仅放置在楼梯上：在"位置"面板上，单击"踏板"或"梯边梁"。

在"类型选择器"中，选择要放置的栏杆扶手的类型。

在绘图区域中选择主体构件。

注意：在将光标放置在可能的主体构件（例如无栏杆扶手的楼梯或坡道）时，它们将高亮显示。

若要修改放置在踏板或梯边梁之间的扶手位置，可在平面视图或立面视图中选择栏杆扶手，然后单击"翻转扶手方向"（双箭头）控制柄，如图2-23。

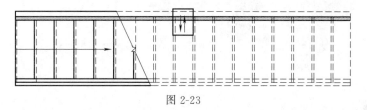

图 2-23

要进一步调整放置在踏板或梯边梁上的栏杆扶手位置，可修改栏杆扶手实例属性踏步/梯边梁偏移的值。

如果将栏杆扶手放置在梯边梁上，此属性的默认值是"1/2梯边梁宽度"。如果将栏杆扶手放置在踏板上，则默认值为1。

2.2.4.13　坡道

添加坡道的最简单方法是绘制梯段。但是，"梯段"工具会将坡道设计限制为直梯段、带平台的直梯段和螺旋梯段。

2.2.4.14　楼梯

（1）楼梯（按构件）　通过装配常见梯段、平台和支撑构件来创建楼梯，如图2-24。

（2）楼梯（按草图）　可通过定义楼梯梯段或绘制踢面线和边界线，在平面视图中创建楼梯。创建新楼梯时，也可以指定要使用的栏杆扶手类型。

注意：对于其他楼梯设计方法，可参见按构件设计楼梯，如图2-25。

使用"楼梯（按草图）"工具，可以定义直线梯段、带平台的L形梯段、U形楼梯和螺旋楼梯。也可以通过修改草图来改变楼梯的外边界。踢面和梯段会相应更新。Revit可为楼梯自动生成栏杆扶手。在多层建筑物中，可以只设计一组楼梯，然后为其他楼层创建相同的楼梯，直到楼梯属性中定义的最高标高。

2.2.4.15　房间

若要在建筑模型中放置房间，请打开平面视图并使用"房间"工具。

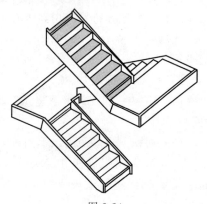

图 2-24

图 2-25

作为备选方法，在模型设计前先创建预定义的房间、创建房间明细表并将房间添加到明细表。可以稍后在模型准备就绪时将房间放置到模型。

2.2.4.16 房间分隔

如果所需的房间边界中不存在房间边界图元，添加分隔线以帮助定义房间。

打开一个楼板平面视图。

单击"建筑"选项卡→"房间和面积"面板→"房间"下拉列表→"房间分隔线"。

绘制房间分隔线。如果空间中已经含有一个房间，则房间边界将随新的房间分隔线进行调整。如果空间中没有房间，可以添加一个。

还可以执行下列操作：对房间进行标记。

将颜色方案应用于平面视图或剖面视图。

2.2.4.17 标记房间

（1）标记房间　如果在创建房间时不使用"在放置时进行标记"选项，可以稍后标记房间。

（2）标记所有未标记的对象　如果视图中的部分或全部图元没有标记，则通过一次操作即可将标记和符号应用到所有未标记的图元。

该功能非常有用，例如，当您在楼层平面视图中放置并标记房间时，以及要在天花板投影（RCP）视图中查看相同房间的标记时。

2.2.4.18 面积

（1）面积平面　单击"建筑"选项卡→"房间和面积"面板→"面积"下拉列表→"面积平面"。

（2）面积　可以使用以下两种方法创建面积：

一是向面积明细表中添加行。这样您可以在项目的初步设计阶段，预定义面积。请参见创建明细表或数量。可在以后使用"面积"工具将预定义面积放置到面积平面中。

二是按以下说明在面积平面视图中使用"面积"工具。

2.2.4.19 面积边界

打开一个面积平面视图。

面积平面视图在"项目浏览器"中的"面积平面"下列出。请参见面积平面。

单击"建筑"选项卡→"房间和面积"面板→"面积"下拉列表→"面积边界线"。

绘制或拾取面积边界。（使用"拾取线"来应用面积规则）。

2.2.4.20 标记面积

（1）标记面积　添加面积标记。

面积标记显示了面积边界内的总面积。放置面积标记时，可以给面积指定一个唯一的名称。

（2）标记所有未标记的对象　如果视图中的部分或全部图元没有标记，则通过一次操作即可将标记和符号应用到所有未标记的图元。

该功能非常有用，例如，当您在楼层平面视图中放置并标记房间时，以及要在天花板投影（RCP）视图中查看相同房间的标记时。

2.2.4.21 颜色方案

点击房间和面积上面的向下小箭头，会展开没完全显示出来的两个选项。

为房间和面积创建或修改颜色填充方案。

可以为每种颜色方案定义颜色和填充样式，以及用于确定将哪些填充应用于房间和面积的值。

2.2.4.22 面积和体积计算

可以指定计算面积和体积的方式，并且可以创建面积方案。

按面层面计算体积。

对于房间面积，可以指定按墙面面层、墙中心、墙核心层或墙核心层中心来计算。

2.2.4.23 按面

可以创建一个垂直于屋顶、楼板或天花板选定面的洞口。

要创建一个垂直于标高（而不是垂直于面）的洞口，要使用"垂直洞口"工具。如图 2-26 所示。

2.2.4.24 竖井

使用"竖井"工具可以放置跨越整个建筑高度（或者跨越选定标高）的洞口，洞口同时贯穿屋顶、楼板或天花板的表面。

单击"建筑"选项卡→"洞口"面板→"竖井"。

可以通过绘制线或拾取墙来绘制竖井洞口。

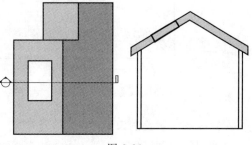

图 2-26

默认情况下，竖井的墙底定位标高是当前激活的平面视图的标高。例如，如果在楼板或天花板平面启动"竖井洞口"工具，则默认墙底定位标高为当前标高。如果在剖面视图或立面视图中启动该工具，则默认墙底定位标高为"转到视图"对话框中选定的平面视图的标高。

　　绘制完竖井后，单击"完成洞口"，如图 2-27。

2.2.4.25　墙洞口

　　使用"墙洞口"工具可以在直线墙或曲线墙上剪切矩形洞口。

　　剪切圆形或多边形洞口，参见编辑墙轮廓。如图 2-28。

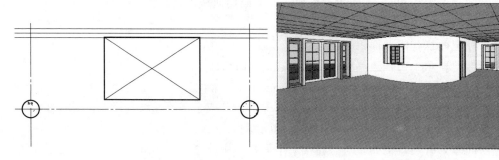

图 2-27　　　　　　　　　　　　　　　　图 2-28

　　在墙上剪切矩形洞口。打开可访问作为洞口主体的墙的立面或剖面视图。绘制一个矩形洞口。待指定了洞口的最后一点之后，将显示此洞口。要修改洞口，单击"修改"，然后选择洞口。可以使用拖曳控制柄修改洞口的尺寸和位置，也可以将洞口拖曳到同一面墙上的新位置，然后为洞口添加尺寸标注，如图 2-29 所示。

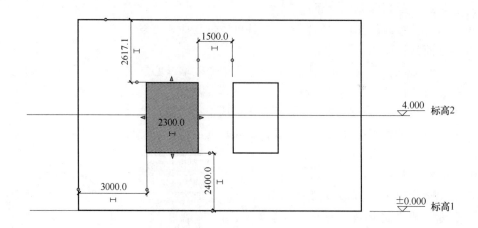

图 2-29

2.2.4.26　垂直洞口

　　可使用任一"洞口"工具在楼板、屋顶或天花板上剪切垂直洞口（例如用于安放烟囱）。用户可以在这些图元的面剪切洞口，也可以选择对整个图元进行垂直剪切。

　　如果希望洞口垂直于所选的面，可使用"面洞口"选项。如果希望洞口垂直于某个标高，可使用"垂直"选项。

　　如果选择了"按面"，则在楼板、天花板或屋顶中选择一个面；如果选择了"垂直"，则选择了整个图元。

面洞口的所选面如图 2-30。

竖直剪切所选的图元见图 2-31。

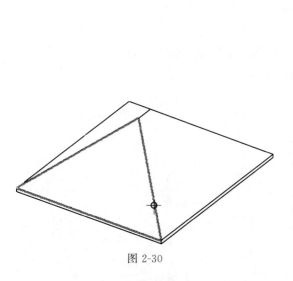

图 2-30

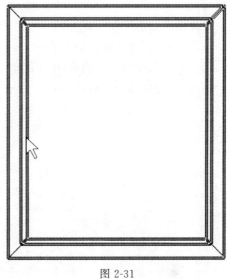

图 2-31

2.2.4.27 老虎窗洞口

在添加老虎窗后，可为其剪切一个穿过屋顶的洞口。

创建构成老虎窗的墙和屋顶图元。使用"连接屋顶"工具将老虎窗屋顶连接到主屋顶。

注意：在此任务中，不能使用"连接几何图形"屋顶工具，否则会在创建老虎窗洞口时遇到错误，如图 2-32。

打开一个可在其中看到老虎窗屋顶及附着墙的平面视图或立面视图。如果此屋顶已拉伸，则打开立面视图，见图 2-33。

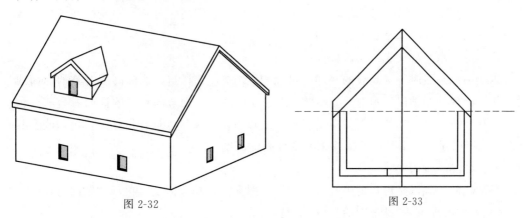

图 2-32　　　　　　　　　　　　　　　　　　图 2-33

单击"老虎窗"：

依次打开"建筑"选项卡→"洞口"面板→"老虎窗洞口"；"结构"选项卡→"洞口"面板→"老虎窗洞口"；高亮显示建筑模型上的主屋顶，然后单击以选择它。查看状态栏，确保高亮显示的是主屋顶。"拾取屋顶/墙边缘"工具处于活动状态，可以拾取构成老虎窗洞口的边界。将光标放置到绘图区域中。高亮显示了有效边界。有效边界包括连接的屋顶或其底面、墙的侧面、楼板的底面、要剪切的屋顶边缘或要剪切的屋顶面上的模型线。

用户不必修剪绘制线即可拥有有效边界。

单击"确定"（完成编辑模式）。

创建穿过老虎窗的剖面视图，了解它如何剪切主屋顶，如图 2-34：

Revit 可在屋顶中进行垂直剪切以及水平剪切，如图 2-35。

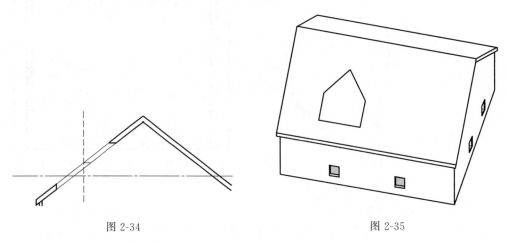

图 2-34　　　　　　　　　　　　　　　　　　图 2-35

2.2.4.28　标高

除了为建筑中每个楼层创建标高外，还可以创建参照标高，例如窗台标高。

打开要添加标高的剖面视图或立面视图。在功能区上，单击"标高"；"建筑"选项卡→"基准"面板→"标高"；"结构"选项卡→"基准"面板→"标高"。

将光标放置在绘图区域之内，然后单击鼠标。

注意：当放置光标以创建标高时，如果光标与现有标高线对齐，则光标和该标高线之间会显示一个临时的垂直尺寸标注。

还可通过水平移动光标绘制标高线。

当绘制标高线时，标高线的头和尾可以相互对齐。选择与其他标高线对齐的标高线时，将会出现一个锁以显示对齐。如果水平移动标高线，则全部对齐的标高线会随之移动。当标高线达到合适的长度时单击鼠标。通过单击其编号以选择该标高，可以改变其名称。也可以通过单击其尺寸标注来改变标高的高度。

2.2.4.29　轴网

添加轴网，轴网是可帮助整理设计的注释图元。在功能区上，单击"轴网"：

"建筑"选项卡→"基准"面板→"轴网"；

"结构"选项卡→"基准"面板→"轴网"。

单击"修改|放置轴网"选项卡"绘制"面板，然后选择一个草图选项。

2.2.4.30　设置

按名称、按拾取平面或按拾取平面中要选择的线来选择工作平面。

在功能区上，单击"设置"：

"建筑"选项卡→"工作平面"面板→"设置"；

"结构"选项卡→"工作平面"面板→"设置"；

"系统"选项卡→"工作平面"面板→"设置"。

在族编辑器中："创建"选项卡→"工作平面"面板→"设置"。

注意：在概念设计环境中，可从"选项栏"的"放置平面"下拉列表中拾取一个平面。

如果选定平面垂直于当前视图，则会打开"转到视图"对话框。选择一个视图，并单击"打开视图"，如图 2-36 所示。

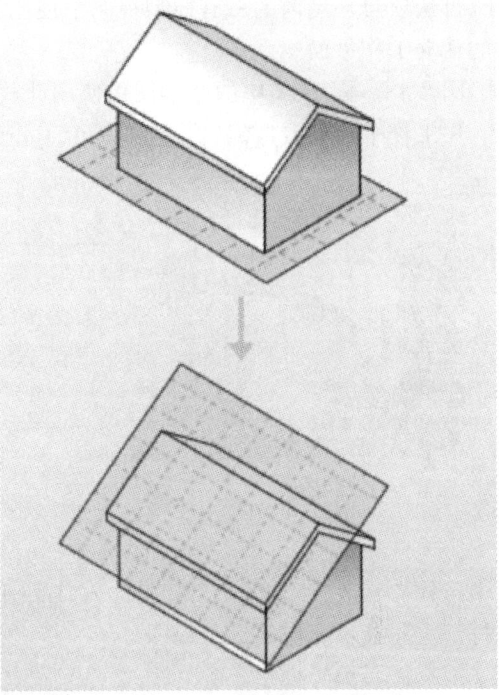

2.2.4.31　显示

工作平面在视图中显示为网格。

在功能区上，单击"显示"：

"建筑"选项卡→"工作平面"面板→"显示"；

"结构"选项卡→"工作平面"面板→"显示"；

"系统"选项卡→"工作平面"面板→"显示"。

图 2-37

图 2-36

在族编辑器中："创建"选项卡"工作平面"面板"显示"，如图 2-37。

2.2.4.32　参照平面

可使用"线"工具或"拾取线"工具来绘制参照平面。

在功能区上，单击"参照平面"：

"建筑"选项卡→"工作平面"面板→"参照平面"；

"结构"选项卡→"工作平面"面板→"参照平面"；

"系统"选项卡→"工作平面"面板→"参照平面"；

在族编辑器中："创建"选项卡→"基准"面板→"参照平面"。

在概念设计环境："创建"选项卡→"绘制"面板→"参照平面"。

2.2.4.33　查看器

使用"工作平面查看器"可以修改模型中基于工作平面的图元。工作平面查看器提供一个临时性的视图，不会保留在"项目浏览器"中。此功能对于编辑形状、放样和放样融合中的轮廓非常有用。

可从项目环境内的所有模型视图中使用工作平面查看器。默认方向为上一个活动视图的活动工作平面。

图 2-38～图 2-42 中的样例图像使用此放样作为起点。

用工作平面查看器编辑，选择一个工作平面或图元轮廓。

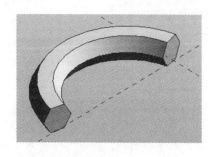

图 2-38

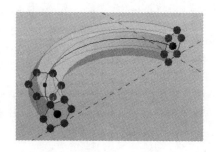

图 2-39

选择"修改|＜图元＞"选项卡→"工作平面"面板→"查看器"。"工作平面查看器"将打开，并显示相应的二维视图。

根据需要编辑模型。

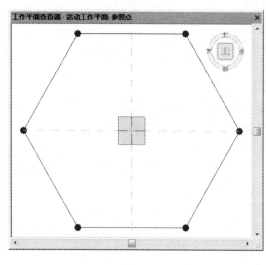

图 2-40

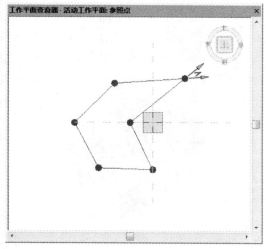

图 2-41

当在项目视图或"工作平面查看器"中进行更改时，其他视图会实时更新。

2.2.5 注释选项卡

2.2.5.1 对齐

用户可以将对齐尺寸标注放置在 2 个或 2 个以上平行参照之间或者 2 个或 2 个以上点（例如墙端点）之间，如图 2-43 所示。

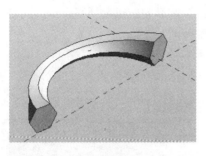

图 2-42

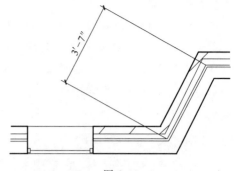

图 2-43

单击"注释"选项卡→"尺寸标注"面板→"对齐"。

可供选择的选项有"参照墙中心线""参照墙面""参照核心层中心"和"参照核心层表面"。例如,如果选择墙中心线,则将光标放置于某面墙上时,光标将首先捕捉该墙的中心线。

2.2.5.2　线性

将线性尺寸标注添加到图形可以在两个点之间进行测量。

单击"注释"选项卡→"尺寸标注"面板→"线性"。

将光标放置在图元(如墙或线)的参照点上,或放置在参照的交点(如两面墙的连接点)上。

如果可以在此放置尺寸标注,则参照点会高亮显示。通过按"Tab"键,可以在交点的不同参照点之间切换。

此时显示尺寸标注,见图2-44。

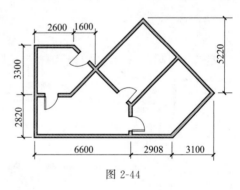

图 2-44

2.2.5.3　角度

可以将角度尺寸标注放置在共享统一公共交点的多个参照点上。不能通过拖曳尺寸标注弧来显示一个整圆。

2.2.5.4　径向

用户可以将径向尺寸标注添加到图形以测量弧的半径:

单击"注释"选项卡→"尺寸标注"面板→"径向"。

将光标放置在弧上,然后单击。一个临时尺寸标注将显示出来。

2.2.5.5　直径

可使用图形中的直径尺寸标注测量圆或圆弧的直径:

单击"注释"选项卡→"尺寸标注"面板→"直径"。将光标放置在圆或圆弧的曲线上,然后单击。

2.2.5.6　弧长

可以对弧形墙或其他弧形图元进行尺寸标注,以获得墙的总长度:

单击"注释"选项卡→"尺寸标注"面板→"弧长度"。

2.2.5.7　高程点

可以添加高程点以获取图元（例如坡道、道路、地形表面或楼梯平台）的高程点：

单击"注释"选项卡→"尺寸标注"面板→"高程点"。

在"类型选择器"中，选择要放置的高程点的类型。

在选项栏上执行下列操作：

选中或清除"引线"，如图 2-45。

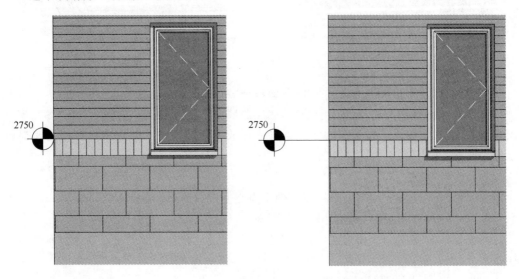

图 2-45

如果选中了"引线"，可以选择"水平段"，以在高程点引线中添加一个折弯，这项操作是可选的，如图 2-46。

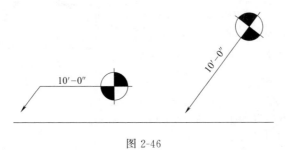

图 2-46

2.2.5.8　高程点坐标

高程点坐标会报告项目中点的"北/南"和"东/西"坐标。在图形中，可以在楼板、墙、地形表面和边界线上添加高程点坐标。也可以将高程点坐标放置在非水平表面和非平面边缘上，如图 2-47。

除坐标外，还可以显示选定点的高程和指示器文字。在这种情况下，可以将高程点坐标与高程点放置在同一位置上，如图 2-48。

所报告的坐标是相对于测量点或项目基点的，具体情况取决于用于高程点坐标族的"坐标原点"类型参数的值。

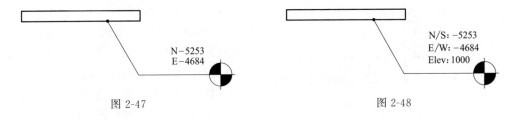

图 2-47   图 2-48

2.2.5.9 高程点坡度

用户可以将高程点坡度添加到图形，以在图元的面或边的指定点上显示坡度：

单击"注释"选项卡→"尺寸标注"面板→"高程点坡度"。

在"类型选择器"中，选择要放置的高程点坡度的类型。

在选项栏上可以修改下列内容：

选择"箭头"或"三角形"作为"坡度表示"（在立面或剖面视图中启用）。

输入"相对参照的偏移"值。该值可以相对于参照移动高程点坡度，使之离参照更近或更远。单击要放置高程点坡度的边缘或坡度。单击以放置高程点坡度，可以位于坡度上方或下方。将光标移动到可以放置高程点坡度的图元上时，绘图区域中会显示高程点坡度的值。

放置高程点坡度时，用户还可以执行下列操作：

单击翻转控制柄以翻转高程点坡度尺寸标注的方向。坡度表示具有两种表示形式：箭头或三角形。尽管两种表示形式的显示方式不同，但其中的信息都相同。三角形不能用在平面视图中。

2.2.5.10 尺寸标注类型

点击尺寸标注字样会展开一个下拉菜单，里面列出了用户能用到的标注类型，当希望更改其中的某一类标注时，点击该标注类型，会弹出一个修改面板，里面可以对标注的属性进行修改。

2.2.5.11 详图线

用户可使用"详图线"工具绘制详图线为详图视图和绘制视图中的模型几何图形提供其他信息。

注意：如果要绘制三维空间中已经存在的线并在所有视图中显示，需使用模型线。可以将详图线转换为模型线，或将模型线转换为详图线。

"详图线"工具的线样式与"线"工具相同，但详图线与详图构件及其他注释一样，也是视图专有的。详图线是在视图的草图平面中绘制的。

在 Revit MEP 中，详图线绘制为全色调线。

创建详图线：

单击"注释"选项卡→"详图"面板→"详图线"。绘制适当的线，如图 2-49。

2.2.5.12 云线批注

在项目视图中，添加云线批注可以指明已修改的设计区域。

在项目中，打开要在其中指示修改的视图。除三维视图以外，可以在所有视图中绘制云线批注。

单击"注释"选项卡→"详图"面板→"云线批注"。

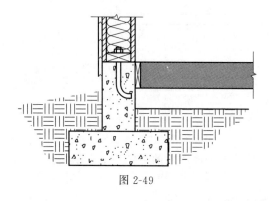

图 2-49

2.2.5.13 区域

（1）填充区域　创建填充区域：使用"填充区域"工具在详图视图中定义填充区域或将填充区域添加到注释族中。

以下步骤是创建填充区域的常规方法。这些步骤可能会随设计意图的不同而变化。

单击"注释"选项卡→"详图"面板→"区域"下拉列表→"填充区域"；

单击"修改|创建填充区域边界"选项卡→"线样式"面板，然后从"线样式"下拉列表中选择边界线样式。

使用"绘制"面板上的绘制工具来绘制区域。例如，可以绘制一个正方形区域。

要为区域填充图案，在"属性"选项板上，单击"编辑类型"，然后选择"填充图案"属性进行填充。

要为区域线设置不同的线样式，应选择线，并在"属性"选项板上更改"子类别"属性的值，单击"完成编辑模式"以完成草图，如图 2-50。

（2）遮罩区域　遮罩区域是视图专有图形，可用于在视图中隐藏图元："注释"选项卡→"详图"面板→"区域"下拉列表→"遮罩区域"如图 2-51。

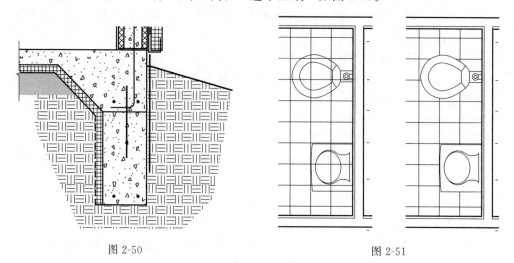

图 2-50　　　　　　　　　　　　　　　　图 2-51

2.2.5.14 详图组

（1）放置模型组和详图组　在功能区上，单击"放置模型组"：

"建筑"选项卡→"模型"面板→"模型组"下拉列表→"放置模型组"；

"结构"选项卡→"模型"面板→"模型组"下拉列表→"放置模型组"。

在"类型选择器"中，选择要放置的模型组类型。

在绘图区域中单击以放置组。

放置详图组：

单击"修改|模型组"选项卡→"组"面板→"附着的详图组"。

在"附着的详图组放置"对话框中，选择要显示的详图组，或清除要在当前视图中隐藏的详图组。

单击"确定"，如图2-52。

（2）创建组　使用组编辑器创建组。如果已完成向组中添加图元，可单击"编辑组"面板（完成），如图2-53。

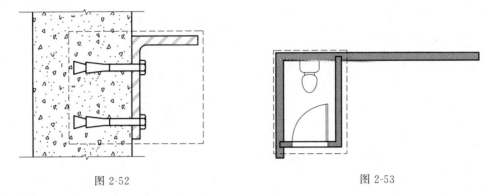

图2-52　　　　　　　　　　　　　　　　　　　　　　图2-53

2.2.5.15　构件

（1）详图构件　可使用"详图构件"工具将详图构件放置在详图视图或绘图视图中，详图构件仅在该视图中可见。

单击"注释"选项卡→"详图"面板→"构件"下拉列表→"详图构件"。

从"类型选择器"中选择要放置的适当详图构件。

按"空格"键旋转详图构件，通过详图构件的不同捕捉点直到其他图元。

在详图中放置详图构件，如图2-54。

（2）重复详图构件　使用"重复详图"工具可以绘制由两点定义的路径。然后，使用详图构件填充图案对该路径进行填充。重复详图主要在详图视图和绘图视图中使用。

该填充图案是一种名为"重复详图"的族类型。通过该族的类型属性，可以控制其外观。类型属性包括应用于重复详图的详图构件族，以及组成重复详图的单个详图构件的间距。重复详图实质是详图构件阵列。类似于其他详图工具，重复详图仅在其绘制所在的视图中可见。

例如，应用到该墙的壁板是重复详图，如图2-55。

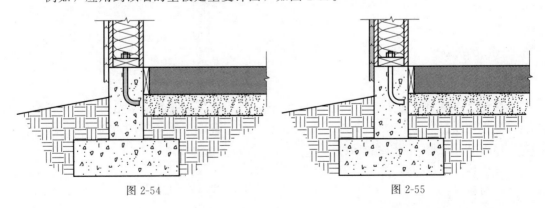

图2-54　　　　　　　　　　　　　　　　　　　　　　图2-55

创建重复详图步骤如下：

单击"注释"选项卡→"详图"面板→"构件"下拉列表→"重复详图"。

绘制重复详图，然后单击"修改"。

单击"修改 | 详图项目"选项卡→"属性"面板→"类型属性"。

在"类型属性"对话框中，单击"复制"，然后为重复详图类型输入名称。

选择详图构件作为"详图"参数。

图 2-56 显示的是将焊接钢筋结构族添加到剖面视图的混凝土板中的效果。

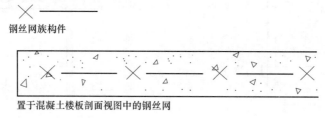

钢丝网族构件

置于混凝土楼板剖面视图中的钢丝网

图 2-56

（3）图例构件　列出项目中的建筑构件和注释步骤如下：

单击"视图"选项卡→"创建"面板→"图例"下拉列表→"图例"。在"新图例视图"对话框中，输入图例视图的名称，然后选择视图比例。单击"确定"。此时图例视图会打开，并添加到项目浏览器列表中。

2.2.5.16　隔热层

可使用"隔热层"工具在详图视图或绘图视图中放置衬垫隔热层图形。用户可以调整隔热层的宽度和长度，以及隔热层线之间的膨胀尺寸，如图 2-57。

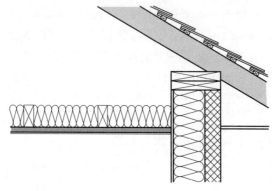

图 2-57

2.2.5.17　文字

在将文字注释添加到图形中时，可以控制引线、文字换行和文字格式的显示：

单击"注释"选项卡→"文字"面板→"文字"。此时光标变为文字工具 。在"格式"面板上，选择一个引线选项：

无引线（默认）；

一段引线；

二段引线；

曲线形——要修改曲线形状，可拖曳折弯控制柄。

2.2.5.18　按类别标记

若要根据其类别将标记应用到图元，可使用"按类别标记"工具。

2.2.5.19　全部标记

如果视图中的部分或全部图元没有标记，则通过一次操作即可将标记和符号应用到所有未标记的图元。

该功能非常有用，如，当用户在楼层平面视图中放置并标记房间时，以及要在天花板投影（RCP）视图中查看相同房间的标记时。

2.2.5.20　面积标记

面积标记显示了面积边界内的总面积。放置面积标记时，可以给面积指定一个唯一的名称。

只有在将面积添加到面积平面之后，才可以添加面积标记。如果在创建面积时没有使用"在放置时进行标记"选项，可以稍后添加面积标记。

注意：如果要在区域重叠的位置单击以放置标记，则只会标记一个区域；如果当前模型中的区域和链接模型中的区域重叠，则标记当前模型中的区域，如图2-58。

2.2.5.21　房间标记

如果在创建房间时不使用"在放置时进行标记"选项，可以稍后标记房间。放置房间标记之后，可以修改其属性，如图2-59。

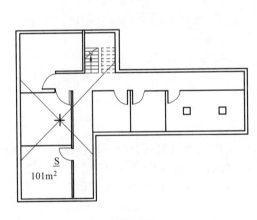

图 2-58

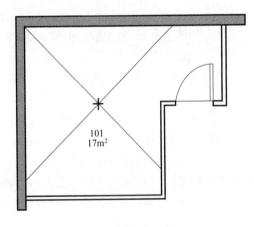

图 2-59

2.2.5.22　空间标记

可以通过添加空间标记，在项目中对空间进行标识：

单击"分析"选项卡→"空间和分区"面板→"空间标记"。单击视图中的空间构件。

注意：如果在空间重叠的位置单击以放置标记，则只会标记一个空间；如果当前模型中的空间与链接模型中的空间重叠，则会标记当前模型中的空间，图2-60。

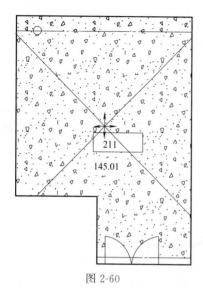

图 2-60

2.2.6 体量与场地选项卡

2.2.6.1 体量与场地选项卡

（1）"按视图设置显示体量" 控制体量实例的可见性：

可以控制视图是否使用视图设置或 "可见性/图形" 对话框中的设置显示体量，以及视图是否显示体量楼层、表面和分区。

要控制体量在视图中的可见性，可使用下列方法之一。

① 针对某视图设置体量类别的可见性：单击 "视图" 选项卡→"图形" 面板→"可见性/图形"。在 "模型类别" 选项卡上选择体量类别。

此视图专有的设置确定了关闭 "显示体量" 时是否打印体量及其是否可见。如果已在 "可见性/图形替换" 对话框中选择 "体量"，则可以独立控制子类别 "形状" 和 "体量楼层"。

② 按视图设置显示体量：此选项将根据 "可见性/图形" 对话框中 "体量" 类别的可见性设置来显示体量。"体量" 类别可见时，可以独立控制体量子类别（例如体量墙、体量楼层和图案填充线）的可见性。这些视图专有的设置还决定是否打印体量。

单击 "体量和场地" 选项卡→"概念体量" 面板→"按视图设置显示体量"。

注意：此选项不适用于 Revit Structure。

③ 显示体量：单击 "体量和场地" 选项卡→"概念体量" 面板→"显示体量"。

单击 "显示体量" 后，即使在视图中关闭了体量类别可见性，所有体量实例（包括体量及其体量楼层）在所有视图中也仍然可见。

注意：此选项仅适用于 Revit Structure。

（2）"显示体量形状和楼层" 设置此选项后，即使体量类别的可见性在某视图中关闭，所有体量实例和体量楼层也会在所有视图中显示，如图 2-61。

单击 "体量和场地" 选项卡→"概念体量" 面板→"显示体量形状和楼层"。

注意：此选项不适用于 Revit Structure。

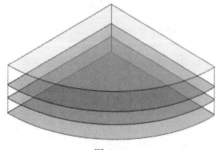

图 2-61

图 2-62

（3）"显示体量表面类型" 执行能量分析时，可使用此选项显示体量表面，以便可以选择各个表面并修改其图形外观或能量设置，如图 2-62。

若要激活此选项，单击"分析"选项卡→"能量分析"面板→"创建能量模型"。

单击"体量和场地"选项卡→"概念体量"面板→"显示体量表面类型"。

注意：此选项不适用于 Revit Structure。

（4）"显示体量分区和着色" 执行能量分析时，可使用此选项显示体量分区和着色，以便可以选择各个分区并修改其设置。

若要激活此选项，单击"分析"选项卡→"能量分析"面板→"创建能量模型"。

单击"体量和场地"选项卡→"概念体量"面板→"显示体量分区和着色"。

注意：此选项不适用于 Revit Structure。

2.2.6.2　内建体量

创建特定于当前项目上下文的体量。此体量不能在其他项目中重复使用。

① 单击"体量和场地"选项卡→"概念体量"面板→"内建体量"。

② 输入内建体量族的名称，然后单击"确定"。

应用程序窗口显示概念设计环境。

③ 使用"绘制"面板上的工具创建所需的形状。

④ 完成后，单击"完成体量"，如图 2-63。

2.2.6.3　放置体量

在族编辑器中创建体量族之后，将族载入到项目中，然后将一个或多个体量族实例放置在项目中。

① 单击"插入"选项卡→"从库中载入"面板→"载入族"。

② 定位到体量族文件，然后单击"打开"。

③ 单击"体量和场地"选项卡→"概念体量"面板→"放置体量"。

④ 在类型选择器中，选择所需的体量类型。

⑤ 在绘图区域中单击以放置体量实例。图 2-64。

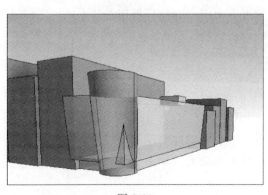

图 2-63　　　　　　　　　　　　　　　　图 2-64

2.2.6.4　地形表面

通过放置点来创建地形表面，图 2-65。

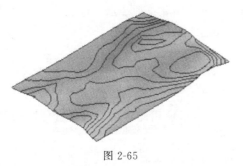

图 2-65

① 打开三维视图或场地平面视图。

② 单击"体量和场地"选项卡→"模型场地"面板→"地形表面"。

默认情况下，功能区上的"放置点"工具处于活动状态。

③ 在选项栏上，设置"高程"的值。点及其高程用于创建表面。

④ 在"高程"文本框旁边，选择下列选项之一：

a. 绝对高程：点显示在指定的高程处（从项目基点）。可以将点放置在活动绘图区域中的任何位置。

b. 相对于表面：通过该选项，可以将点放置在现有地形表面上的指定高程处，从而编辑现有地形表面。要使该选项的使用效果更明显，需要在着色的三维视图中工作。

⑤ 在绘图区域中单击以放置点。如果需要，在放置其他点时可以修改选项栏上的高程。

⑥ 单击"确定"（完成表面创建）。

注意：要提高与带有大量点的表面相关的系统性能，需简化表面。

2.2.6.5　场地构件

可在场地平面中放置场地专用构件（如树、电线杆和消防栓）。如果未在项目中载入场地构件，则会出现一条消息，指出尚未载入相应的族。

添加场地构件的步骤如下：

① 打开显示要修改的地形表面的视图。

② 单击"体量和场地"选项卡→"场地建模"面板→"场地构件"。

③ 从"类型选择器"中选择所需的构件。

④ 在绘图区域中单击以添加一个或多个构件，如图 2-66。

2.2.6.6　停车场构件

可以将停车位添加到地形表面中，并将地形表面定义为停车场构件的主体。还可以使用子面域来创建道路图元。参见创建地形表面子面域。

变更停车场构件主体的步骤如下：

① 选择停车场构件。

② 单击"修改|停车场"选项卡→"主体"面板→"拾取新主体"。

③ 选择地形表面。

使用"拾取主体"工具时，要谨慎地设置地形表面顶部的停车场构件。如果绕着地形表面移动停车场构件，该构件将仍然附着在地形表面上，如图 2-67。

2.2.6.7　建筑地坪

用户可以通过在地形表面绘制闭合环添加建筑地坪。

① 打开一个场地平面视图。

② 单击"体量和场地"选项卡→"场地建模"面板→"建筑地坪"。

③ 使用绘制工具绘制闭合环形式的建筑地坪。

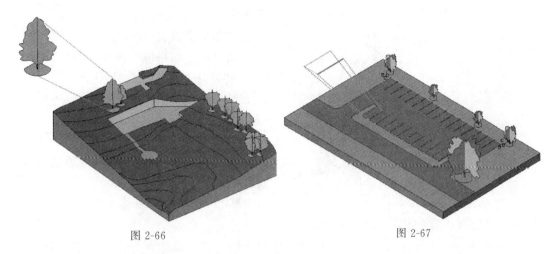

图 2-66   图 2-67

④ 在"属性"选项板中，根据需要设置"相对标高"和其他建筑地坪属性。

注意：要在楼层平面视图中看见建筑地坪，应将建筑地坪偏移设置为比标高 1 更高的值或调整视图范围。

图 2-68 中的剖面视图显示了建筑地坪相对于表面的偏移。

图 2-69 显示了平整地形表面上建筑地坪的三维视图。

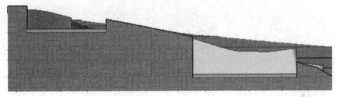

图 2-68

2.2.6.8　拆分表面

可以将一个地形表面拆分为两个不同的表面，然后分别编辑这两个表面。

注意：若要在地形表面上创建不同区域，并为每个区域（例如材质）指定不同属性，同时不将地形表面拆分为单独的部分，应使用"地形表面子面域"工具。

要将一个地形表面拆分为两个以上的表面，需多次使用"拆分表面"工具，根据需要进一步细分每个地形表面，如图 2-70。

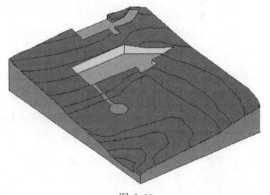

图 2-69

在拆分表面后，可以为这些表面指定不同的材质来表示公路、湖、广场或丘陵；也可以删除地形表面的一部分。例如，如果导入文件在未测量区域填充了不需要的瑕疵，用户可以使用"拆分表面"工具删除由导入文件生成的多余的地形表面部分。

注意：如果地形表面的"拆除的阶段"属性未设置为"无"，然后再拆分地形表面，则生成的表面中会有一个值更改为"无"。

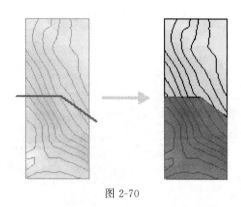

图 2-70

拆分地形表面的步骤如下：

① 打开场地平面或三维视图。

② 单击"体量和场地"选项卡→"修改场地"面板→"拆分表面"。

③ 在绘图区域中，选择要拆分的地形表面。Revit 将进入草图模式。

④ 单击"修改|拆分表面"选项卡→"绘制"面板→"拾取线"，或者使用其他绘制工具拆分地形表面。

不能使用"拾取线"工具来拾取地形表面线。可以拾取其他有效线，例如墙。

⑤ 绘制一个不与任何表面边界接触的单独的闭合环，或绘制一个单独的开放环。开放环的两个端点都必须在表面边界上。开放环的任何部分都不能相交，或者不能与表面边界重合。

⑥ 单击"确定"（完成编辑模式），见图 2-71。

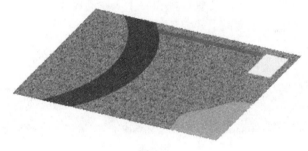

图 2-71

2.2.6.9 合并表面

可以将两个单独的地形表面合并为一个表面。此工具对于重新连接拆分表面非常有用。要合并的表面必须重叠或共享公共边。步骤如下：

① 单击"体量和场地"选项卡→"修改场地"面板→"合并表面"。

②（可选）在选项栏上，清除"删除公共边上的点"。此选项可删除表面被拆分后所被插入的多余点。此选项在默认情况下处于选中状态。

③ 选择一个要合并的地形表面。

④ 选择另一个地形表面。

2.2.6.10 子面域

子面域定义可应用不同属性集（例如材质）的地形表面区域。例如，可以使用子面域在平整表面、道路或岛上绘制停车场。创建子面域不会生成单独的表面。若要创建可独立编辑的单独表面，需使用"拆分表面"工具。

注意：可以使用子面域添加道路图元，如停车场、转向箭头和禁用标记。为了简化该过程，请使用详图构件作为模板并使用子面域编辑器中的"拾取线"工具。如果需要，可以锁定子面域的边界到详图构件的拾取线。当移动详图构件时，子面域会自动调整。

（1）创建子面域

① 打开一个显示地形表面的场地平面。

② 单击"体量和场地"选项卡→"修改场地"面板→"子面域"。

Revit 将进入草图模式。

③ 单击（拾取线）或使用其他绘制工具在地形表面上创建一个子面域。

注意：使用单个闭合环创建地形表面子面域。如果创建多个闭合环，则只有第一个环用于创建子面域；其余环将被忽略。

（2）修改子面域的边界

① 选择子面域。

② 单击"修改|地形"选项卡→"模式"面板→"编辑边界"。

③ 单击（拾取线）或使用其他绘制工具修改地形表面上的子面域，图 2-72 所示。

2.2.6.11　建筑红线

添加建筑红线的方法有：在场地平面中绘制或在项目中直接输入测量数据。

① 打开一个场地平面视图。

② 单击"体量和场地"选项卡→"修改场地"面板→"建筑红线"。

（1）绘制建筑红线

① 在"创建建筑红线"对话框中，选择"通过绘制来创建"。

② 单击"拾取线"或使用其他绘制工具来绘制线。

③ 绘制建筑红线。

这些线应当形成一个闭合环。如果绘制一个开放环并单击"完成建筑红线"，Revit 会发出一条警告，说明无法计算面积，可以忽略该警告继续工作，或将环闭合。

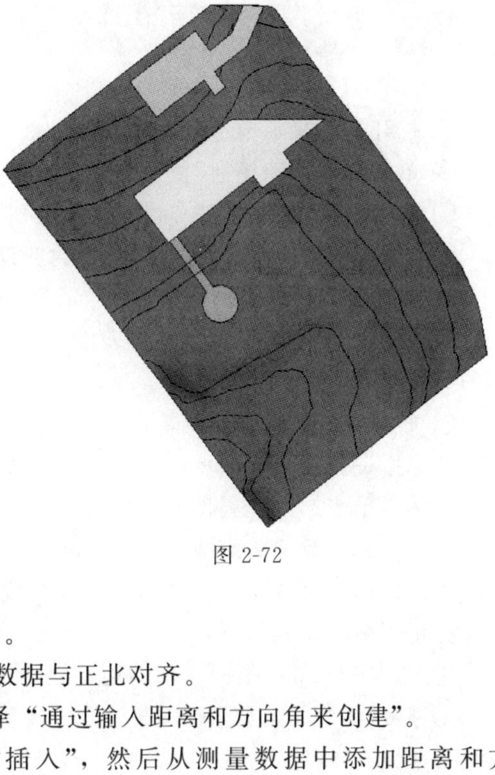

图 2-72

（2）输入距离和方向角　Revit 将测量数据与正北对齐。

① 在"创建建筑红线"对话框中，选择"通过输入距离和方向角来创建"。

② 在"建筑红线"对话框中，单击"插入"，然后从测量数据中添加距离和方向角。

③ 将建筑红线描绘为弧。

a. 分别输入"距离"和"方向"的值，用于描绘弧上两点之间的线段。

b. 选择"弧"作为"类型"。

c. 输入一个值作为"半径"。半径值必须大于线段长度的二分之一。半径越大，形成的圆越大，产生的弧也越平。

d. 如果弧出现在线段的左侧，选择"左"作为"左/右"。如果弧出现在线段的右侧，选择"右"。

④ 根据需要插入其余的线。

⑤ 单击"向上"和"向下"可以修改建筑红线的顺序。

⑥ 在绘图区域中，将建筑红线移动到确切位置，然后单击"放置建筑红线"。

注意：可以使用"移动"工具将建筑红线捕捉到基准点，如图 2-73。

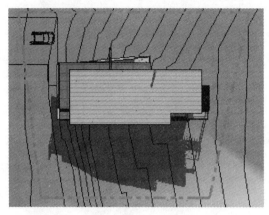

图 2-73

2.2.6.12　平整区域

可以平整地形表面区域、更改选定点处的高程，从而进一步进行场地设计。若要创建平整区域，应选择一个地形表面，该地形表面应该为当前阶段中的一个现有表面。Revit 会将原始表面标记为已拆除并生成一个带有匹配边界的副本。Revit 会将此副本标记为在当前阶段新建的图元。

要平整地形表面，应执行下列步骤：

① 打开一个显示地形表面的场地平面。

② 单击"体量和场地"选项卡→"修改场地"面板→"平整区域"。

③ 在"编辑平整区域"对话框中，选择下列选项之一：

a. 创建与现有地形表面完全相同的新地形表面。

b. 仅基于周界点新建地形表面。

④ 选择地形表面。如果编辑表面，Revit 会进入草图模式。可添加或删除点，修改点的高程或简化表面。

⑤ 如果完成编辑表面，单击"完成表面"。

如果拖曳新的平整区域，可以发现其原始表面仍被保留。选择原始表面，单击鼠标右键，然后单击"图元属性"。可以看到"拆除的阶段"属性带有当前阶段的值。

2.2.6.13　标记等高线

可以标记等高线以指示其高程。等高线标签显示在场地平面视图中（见图 2-74）。

标记等高线步骤如下：

① 创建一个带有不同高程的地形表面。

② 打开一个场地平面视图。

③ 单击"体量和场地"选项卡→"修改场地"面板→"标记等高线"。

④ 绘制一条与一条或多条等高线相交的线。

标签显示在等高线上（可能需要放大视图才能看到这些标签）。除非选择了该标签，否则标签线本身是不可见的。

2.2.7　视图选项卡

2.2.7.1　可见性/图形

本功能控制项目中各个视图的模型图元、基准图元和视图专有图元的可见性和图形显示。要替换的设置是那些在项目级别上指定的设置。项目级别设置是在"对象样式"

对话框中指定的。

用户可以替换模型类别和过滤器的截面、投影和表面显示。对于注释类别和导入的类别，可以编辑投影和表面显示。另外，对于模型类别和过滤器，还可以将透明应用于面。还可以指定图元类别、过滤器或单个图元的可见性、半色调显示和详细程度。具体步骤为：

"视图"选项卡→"图形"面板→"可见性/图形"。

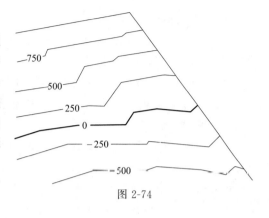

图 2-74

2.2.7.2　过滤器

对于在视图中共享公共属性的图元，过滤器提供了替换其图形显示和控制其可见性的方法。例如，如需修改两小时防火墙的线样式和线颜色，可以创建一个过滤器，使该过滤器能够选择视图中"防火等级"参数值为两小时的所有墙，然后选择该过滤器、定义可见性和图形显示设置（例如线样式和线颜色），再将过滤器应用到视图。执行上述操作后，符合该过滤器中所定义条件的所有墙都会更新为具有相应的可见性和图形设置。

2.2.7.3　细线

可以使用"缩放"工具来更改窗口中的可视区域，使用"细线"工具来保持相对于视图缩放的真实线宽（见图 2-75）。

如果导航栏在视图中被隐藏，应单击"视图"选项卡→"窗口"面板→"用户界面"下拉列表→"导航栏"。

还可使用 SteeringWheels 缩放项目视图。

通常在小比例视图中放大模型时，图元线的显示宽度会大于实际宽度。

激活"细线"工具后，此工具会影响所有视图，但不影响打印或打印预览。

要激活该工具，单击"视图"选项卡→"图形"面板→"细线"。

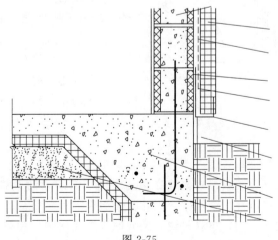

图 2-75

2.2.7.4 显示隐藏线

可以使用"显示隐藏线（按图元）"工具显示当前视图中被其他图元遮挡的模型图元和详图图元。"显示隐藏线（按图元）"工具提供了当前视图中各个图元的图形显示替换。可以在包含"隐藏线"子类别的图元上使用该工具。

注意："显示隐藏线（按图元）"工具不适用于以下情况：

① 透视图。

②"显示隐藏线"视图参数设置为"全部"或"无"的视图（必须设置为"按规程"）。

③ 链接模型中的图元。

④ Revit MEP 或在 Autodesk Revit 中"规程"参数设置为"机械""电气"或"卫浴"的视图。

例如，假设在南立面视图中有一个入口，用户希望在北立面视图中使用隐藏线显示该入口的轮廓，见图2-76。

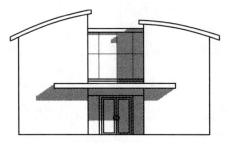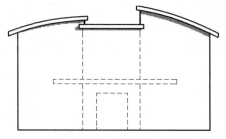

图 2-76

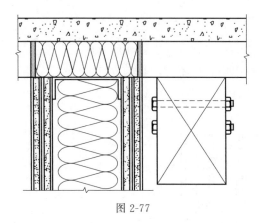

图 2-77

以下示例说明了使用"显示隐藏线（按图元）"后，再选择4×6螺栓和螺钉后的结果。此时显示了一个螺钉的隐藏线，而第二个螺钉的线被遮挡，见图2-77。

注意：对象的顺序必须正确。无法隐藏4×6螺栓顶部的螺钉线。为了隐藏螺钉，首先必须将螺钉置于4×6螺栓的后面。要将螺钉显示为隐藏线，应选择4×6螺栓，然后选择相应的螺钉。

2.2.7.5 删除隐藏线

只能删除被活动视图中的其他图元遮挡的模型图元和详图图元的隐藏线。该工具可以反转显示隐藏线（按图元）工具的效果。如图2-78。

2.2.7.6 剖切面轮廓

使用"剖切面轮廓"工具可以修改在视图中剖切的图元的形状，例如屋顶、楼板、墙和复合结构的层。可以在平面视图、天花板平面视图和剖面视图中使用该工具。对轮廓所做的修改是视图专有的，也就是说，图元的三维几何图形和在其他视图中的外观不会随之改变，如图2-79。

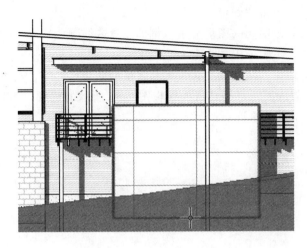

图 2-78

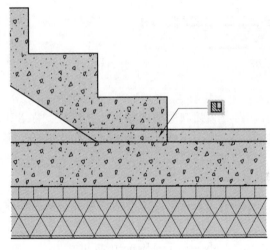

图 2-79

① 单击"视图"选项卡→"图形"面板→"剖切面轮廓"。

② 在选项栏上,选择"面"(编辑面四周的整个边界)或"面与面之间的边界"(编辑各面之间的边界线)作为"编辑"的值。

③ 将光标移到视图中的图元上,例如复合墙上。根据选择的"编辑"选项,有效截面或边界线将高亮显示。

④ 单击高亮显示的截面或边界,以便将其选中并进入绘制模式。

⑤ 绘制要添加到选择集或从选择集删除的区域。使用其起点和终点位于同一边界线的一系列线。不能绘制闭合环或与起始边界线交叉。但是,如果使用"面与面之间的边界"选项,可以绘制该墙的其他边界线。一个控制箭头会显示在绘制的第一条线上。它指向在编辑之后将保留的部分。单击控制箭头以修改其方向。

注意:在编辑面与面之间的边界线时,只需要绘制该区域的两条边界线。在绘制的两条线之间将显示一条连接线,此线无须绘制。

⑥ 完成编辑后，单击"确定"（完成编辑模式）。

⑦ 要在视图中修改图元的图形显示（例如线宽或线颜色），应在该图元上单击鼠标右键，然后单击"替换视图中的图形"→"按图元"。

图 2-80 所示为使用"剖切面轮廓"工具之前的效果。

如果有 2 个相邻的图元，并且需要编辑图 2-81 所示的轮廓，可以使用"面与面之间的边界"选项获得所需的效果。

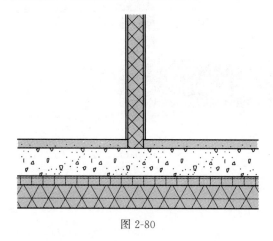

图 2-80

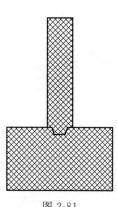

图 2-81

2.2.7.7　渲染

在渲染三维视图前，先定义控制照明、曝光、分辨率、背景和图像质量的设置。如有需要，使用默认设置来渲染视图，默认设置经过智能化设计，可在大多数情况下得到令人满意的结果。

2.2.7.8　Cloud 渲染

用户可以使用 Autodesk® A360 中的渲染从任何计算机上创建真实照片级的图像和全景。

注意：作为 Autodesk® Subscription Benefit 提供。

从联机渲染库中，可以访问渲染的多个版本、渲染图像为全景图、更改渲染质量以及将背景环境应用到渲染场景。

若要使用 Autodesk® A360 渲染 Revit 的图像，单击"视图"选项卡→"图形"面板→"在云中渲染"。可以使用"渲染库"工具查看和下载已完成的图像。

2.2.7.9　渲染库

渲染库操作可参考 2.2.7.8。

2.2.7.10　三维视图

（1）默认三维视图　正交三维视图用于显示三维视图中的建筑模型，在正交三维视图中，不管相机距离的远近，所有构件的大小均相同。通过在项目浏览器中的视图名称上单击鼠标右键，然后单击"重命名"，可以重命名默认三维视图。重命名的三维视图将随项目一起保存。如果重命名未命名的默认三维视图，则下次单击"三维"工具时，Revit 将打开新的未命名视图。可以使用剖面框来限制三维视图的可见部分。

将相机放置在模型的东南角的步骤：

单击"视图"选项卡→"创建"面板→"三维视图"下拉列表→"默认三维视图"。

此操作会将相机放置在模型的东南角之上，同时目标定位在第一层的中心，如图 2-82。

（2）相机　"透视"选项控制三维视图显示为透视图，而不是正交视图。

① 打开一个平面视图、剖面视图或立面视图。

② 单击"视图"选项卡→"创建"面板→"三维视图"下拉列表→"相机"。

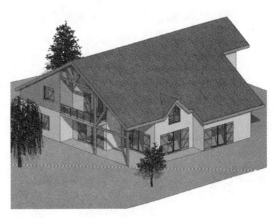

图 2-82

注意：如果清除选项栏上的"透视图"选项，则创建的视图会是正交三维视图，不是透视图。

③ 在绘图区域中单击以放置相机。

④ 将光标拖曳到所需目标然后单击即可放置。

Revit 将创建一个透视三维视图，并为该视图指定名称：三维视图 1、三维视图 2 等。要重命名视图，在项目浏览器中的该视图上单击鼠标右键并选择"重命名"。

图 2-83

注意：在启用了工作共享的项目中使用时，三维视图命令会为每个用户创建一个默认的三维视图。程序会为该视图指定"3D-用户名"名称。

可以使用剖面框来限制三维视图的可见部分，如图 2-83。

（3）漫游　用于创建模型的动画三维漫游。

可以将漫游导出为 AVI 文件或图像文件。将漫游导出为图像文件时，漫游的每个帧都会保存为单个文件。可以导出所有帧或一定范围的帧。

2.2.7.11　剖面

添加剖面线和裁剪区域以定义新的剖面视图，具体步骤如下：

① 打开一个平面、剖面、立面或详图视图。

② 单击"视图"选项卡→"创建"面板→"剖面"。

③ 在"类型选择器"中，从列表中选择视图类型，或者单击"编辑类型"以修改现有视图类型或创建新的视图类型。

④ 将光标放置在剖面的起点处，并拖曳光标穿过模型或族。

注意：现在可以捕捉与非正交基准或墙平行或垂直的剖面线。可在平面视图中捕捉到墙。

⑤ 当到达剖面的终点时单击鼠标左键。这时将出现剖面线和裁剪区域，并且保证已选中它们，如图 2-84。

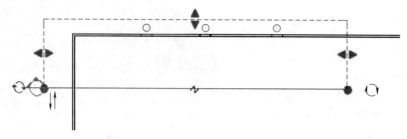

图 2-84

⑥ 如果需要，可通过拖曳控制柄来调整裁剪区域的大小。剖面视图的深度将相应地发生变化。

⑦ 单击"修改"或按"Esc"键以退出"剖面"工具。

⑧ 要打开剖面视图，双击剖面标头或从项目浏览器的"剖面"组中选择剖面视图。当修改设计或移动剖面线时剖面视图将随之改变。

2.2.7.12 详图索引

（1）矩形 可向平面视图、剖面视图、详图视图或立面视图中添加详图索引。在这些视图中，详图索引标记链接至详图索引视图。详图索引视图显示父视图中某一部分的放大版本，并提供有关建筑模型中这一部分的详细信息。

可向平面视图、剖面视图、详图视图或立面视图中添加详细信息详图索引或视图详图索引。在视图中绘制详图索引编号时，Revit 会创建一个详图索引视图，然后，可以向详图索引视图中添加详图，以提供有关建筑模型中该部分的详细信息。

若要将详图索引添加到视图中，必须将详图索引标头载入到项目中。详图索引标头属于详图索引标记的一部分。

绘制详图索引的视图是该详图索引视图的父视图。如果删除父视图，则也将删除该详图索引视图。

（2）草图 创建手绘详图索引视图，绘制出详图索引视图的区域，步骤如下。

① 在项目中，单击"视图"选项卡→"创建"面板→"详图索引"下拉列表→"草图"。

② 在"类型选择器"中，选择要创建的详图索引类型：详细信息详图索引或视图详图索引（与父视图同类型的详图索引视图）。

③ 使用"修改"和"绘制"面板上的工具绘制详图索引视图，如图 2-85。

④ 完成后，单击"确定"（完成编辑模式）。

注意：如果要将已编辑的详图索引重置为矩形形状，将其选择，然后单击"编辑修改|〈视图类型〉"选项卡→"模式"面板→"重设裁剪"。

⑤ 要查看详图索引视图，双击详图索引标头。

详图索引视图将显示在绘图区域中，如图 2-86。

2.2.7.13 平面视图

将其他视图添加到项目或复制现有视图。

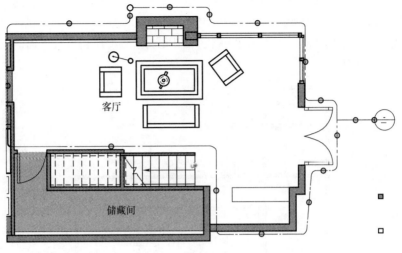

图 2-85

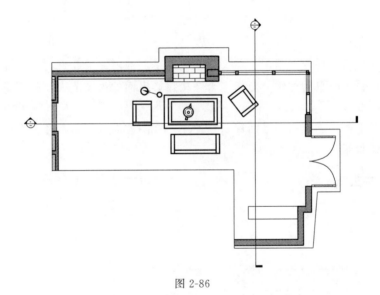

图 2-86

① 单击 "视图" 选项卡→ "创建" 面板→ "平面视图" 下拉列表，然后单击：

a. 楼层平面；

b. 天花板投影平面；

c. 结构平面。

② 在 "新建平面" 对话框中：

a. 从列表中为 "类型" 选择视图类型，或者单击 "编辑类型" 以修改现有视图类型或创建新的视图类型；

b. 选择一个或多个要创建平面视图的标高；

c. 要为已具有平面视图的标高创建平面视图，应清除 "不复制现有视图"，例如，场地平面是任一具有不同范围设置的项目楼层平面的副本。

③ 单击 "确定"。

注意：如果复制了平面视图，则复制的视图显示在项目浏览器中时将带有以下符号：标高 1（1），其中括号中的值随副本数目的增加而增加。

（1）楼层平面　用于创建楼层平面视图。在将新标高添加到项目中时，会自动创建楼层平面视图（见图 2-87）。

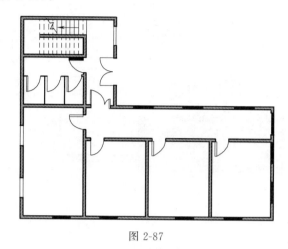

图 2-87

（2）天花板投影平面　用于创建天花板投影平面视图。天花板投影平面视图在将新标高添加到项目中时自动创建。应指定天花板投影平面的视图范围，就好像抬头看天花板一样，如图 2-88。

（3）结构平面　创建结构平面视图。使用"视图方向类型"参数指定是从结构平面的标高仰视还是俯视，如图 2-89。

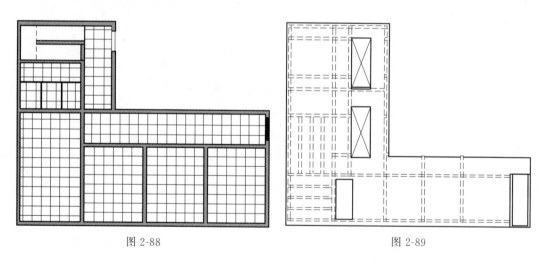

图 2-88　　　　　　　　　　　　　　　　图 2-89

（4）平面区域　可使用一个平面区域在不同于其余平面视图剖切面的高度定义剖切面。

① 打开平面视图。

② 单击"视图"选项卡→"创建"面板→"平面图"下拉列表→"平面区域"。

③ 使用线、矩形或多边形绘制闭合环。

④ 在"属性"选项板上，单击"视图范围"对应的"编辑"。

⑤ 在"视图范围"对话框中，指定主要范围和视图深度。如果将"剖切面"的值指定为"父视图的标高"，则用于定义所有剪裁平面（"顶""底""剖切面"和"视图深度"）的标高与整个平面视图的标高相同。

注意：偏移值相对于彼此需要有意义。例如，顶偏移不能小于剖切面偏移，而剖切面偏移不能小于底偏移。

⑥ 单击"确定"退出"视图范围"对话框。

⑦ 在"模式"面板上，单击"确定"（完成编辑模式）。

无须进入草图模式即可编辑平面区域的形状。平面区域的每条边界线都是一个形状操作柄，如图 2-90 所示。可选择并拖曳形状操作柄，以修改尺寸。

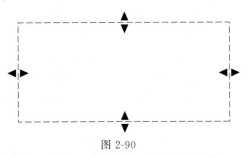

图 2-90

（5）面积平面　创建面积平面的步骤如下：

① 单击"建筑"选项卡→"房间和面积"面板→"面积"下拉列表→"面积平面"。

② 在"新建面积平面"对话框中，选择面积方案作为"类型"。

③ 为面积平面视图选择楼层。如果选择了多个楼层，则 Revit 便会为每个层创建单独的面积平面视图，并按面积方案在项目浏览器中将其分组。

④ 要创建唯一的面积平面视图，应选择"不复制现有视图"。要创建现有面积平面视图的副本，可清除"不复制现有视图"复选框。

⑤ 选择面积平面比例作为"比例"。

⑥ 单击"确定"。Revit 会提示自动创建与所有外墙关联的面积边界线。

⑦ 选择下列操作之一：

a. 是：Revit 会沿着闭合的环形外墙放置边界线。

b. 否：由用户绘制面积边界线。

注意：Revit 不能在未环形闭合的外墙上自动创建面积边界线。如果项目中包含位于环形外墙以内的规则幕墙系统，则必须绘制面积边界，因为规则幕墙系统不是墙。

⑧ 根据需要添加更多面积边界，如图 2-91。

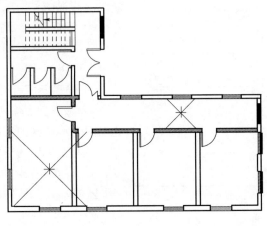

图 2-91

2.2.7.14 立面

（1）立面　可使用立面视图从不同位置（外部或内部）查看项目：

① 打开平面视图。

② 单击"视图"选项卡→"创建"面板→"立面"下拉列表→"立面"。此时会显示一个带有立面符号的光标。

③ 在"类型选择器"中，从列表中选择视图类型，或者单击"编辑类型"以修改现有视图类型或创建新的视图类型。

④ 将光标放置在墙附近并单击以放置立面符号。

注意：移动光标时，可以按"Tab"键来改变箭头的位置。箭头会捕捉到垂直墙。

⑤ 要设置不同的内部立面视图，可高亮显示立面符号的方形造型并单击。立面符号会随用于创建视图的复选框选项一起显示。

注意：旋转控制可用于在平面视图中与斜接图元对齐。

⑥ 选中复选框表示要创建立面视图的位置。

⑦ 单击远离立面符号的位置以隐藏复选框。

⑧ 高亮显示符号上的箭头以选择它。

⑨ 单击箭头一次以查看剪裁平面：剪裁平面的端点将捕捉墙并连接墙。可以通过拖曳控件来调整立面的宽度。如果控制柄没有显示在视图中，应选择剪裁平面，并单击"修改视图"选项卡→"图元"面板→"图元属性"。在"实例属性"对话框中，选择"裁剪视图"参数，并单击"确定"。

⑩ 在"项目浏览器"中，选择新的立面视图。立面视图由字母和数字指定，例如，立面：1：a。

（2）框架立面　在结构框架平面上，建立立面视图（注意：视图中必须有轴网，才能添加框架立面视图）：

① 单击"视图"选项卡→"创建"面板→"立面"下拉列表→"框架立面"。

② 在选项栏上选择一个视图比例。

③ 在"类型选择器"中，从列表中选择视图类型，或者单击"编辑类型"以修改现有视图类型或创建新的视图类型。

④ 将框架立面符号垂直于选定的轴网线并沿着要显示的视图的方向放置，然后单击以将其放置，如图2-92。

⑤ 按"Esc"键完成。

⑥ 双击立面箭头以打开框架立面。此视图表示轴网的工作平面或参照平面的工作平面上区域的全高视图。此视图被约束到周围的轴网或参照平面的限制内。

2.2.7.15 绘图视图

创建绘图视图可以提供不属于建筑模型的详图。可以使用"注释"选项卡上的

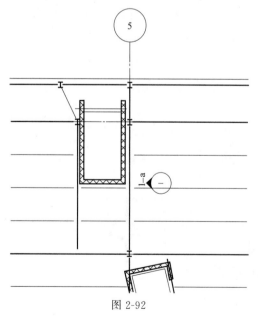

图2-92

详图工具绘制详图。详图工具包括"详图线""隔热层""遮罩区域""填充区域""文字""符号"和"尺寸标注"。

2.2.7.16　复制视图

（1）复制视图　用于创建一个视图，该视图中仅包含当前视图中的模型几何图形。新的视图将排除所有视图专有图元，如注释、尺寸标注和详图。要创建包括视图专有图元的视图副本，应使用"带细节复制"工具。

（2）带细节复制　用于创建一个视图，该视图中包括当前视图中的模型几何图形和视图专有图元。视图专有图元包括注释、尺寸标注、详图构件、详图线、重复详图以及填充区域。

（3）复制作为相关　用于创建与原始视图相关的视图。原始视图及其副本始终同步。在其中一个视图中所做的修改（如比例或视图属性）将自动出现在另一个视图中。使用多个相关副本可显示宽阔楼层平面的分段。

2.2.7.17　图例

（1）图例　创建图例，列出项目中的建筑构件和注释步骤如下。

① 单击"视图"选项卡→"创建"面板→"图例"下拉列表→"图例"。

② 在"新图例视图"对话框中，输入图例视图的名称，然后选择视图比例。

③ 单击"确定"。此时图例视图会打开，并添加到"项目浏览器"列表中。

④ 使用以下任一方法将所需图元符号添加到视图中：

a. 可以将模型族类型和注释族类型从"项目浏览器"中拖曳到图例视图中。它们在视图中显示为视图专有的符号。

b. 添加模型族符号的其他方法如下所述。

ⅰ. 单击"注释"选项卡→"详图"面板→"构件"下拉列表→"图例构件"。

ⅱ. 在选项栏上，选择一个模型族符号类型作为"族"。

ⅲ. 为该符号指定视图方向。

某些符号比其他符号有更多的选项。例如，墙类型可以显示在楼层平面或剖面表示中。以墙为主体的图元（例如门）可以在平面、前立面和后立面中表示。如果要放置基于主体的符号（例如门或窗），则该符号将会与主体一起显示在楼层平面表示中。可以指定"主体长度"的值。

ⅳ. 将符号放置在视图中。

c. 添加注释符号的其他方法。

ⅰ. 单击"注释"选项卡→"符号"面板→"符号"。

ⅱ. 在"类型选择器"中，选择注释类型，然后将符号放置在视图中。

⑤ 单击"注释"选项卡→"文字"面板→"文字"。

注意：如果所要使用的文字大小并未列出，单击"修改|放置文字"选项卡→"属性"面板→"类型属性"。在"类型属性"对话框中，单击"复制"以创建新的文字类型。

⑥ 在"类型选择器"中，选择注释类型，然后将符号放置在视图中。

⑦ 在图例中放置必要的文字。

注意：可以通过关闭子类别在视图中的可见性来修改图例视图。例如，可以放置多个门图例构件，然后关闭所有门子类别（除了"框架/竖梃"之外），以生成门框图例。

（2）注释记号图例　将注释记号图例添加到视图可以提供分配到视图中图元或材质的注释记号详图（见图 2-93）。

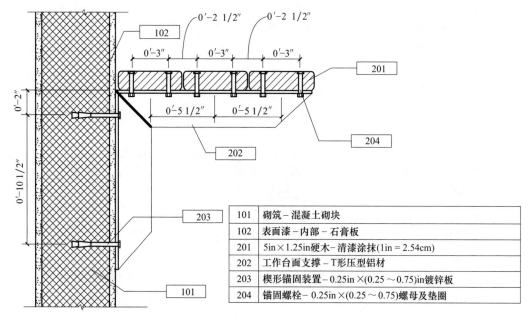

101	砌筑 – 混凝土砌块
102	表面漆 – 内部 – 石膏板
201	5in×1.25in硬木 – 清漆涂抹(1in = 2.54cm)
202	工作台面支撑 – T形压型铝材
203	楔形锚固装置 – 0.25in×(0.25～0.75)in镀锌板
204	锚固螺栓 – 0.25in×(0.25～0.75)螺母及垫圈

图 2-93

通过单击"视图"选项卡→"创建"面板→"图例"下拉列表→"注释记号图例"，可以访问"注释记号图例"工具。

在"明细表字段"列表中有两个预定义的参数，即"关键值"和"注释记号文字"。剩余的选项卡"过滤器""排序/成组""格式"和"外观"均可用，因为它们都可用于其他明细表。

应谨慎使用注释记号的标题和过滤，可以创建注释记号图例，使注释记号的常用类型成组。可将注释记号图例放置在多个图纸视图上。

2.2.7.18　明细表

（1）明细表/数量　如果需要，请将建筑图元构件列表添加到项目。

① 单击"视图"选项卡→"创建"面板→"明细表"下拉列表→"明细表/数量"。

② 在"新明细表"对话框的"类别"列表中选择一个构件。"名称"文本框中会显示默认名称，可以根据需要修改该名称。

③ 选择"建筑构件明细表"。

注意：不要选择"明细表关键字"。

④ 指定阶段。

⑤ 单击"确定"。

⑥ 在"明细表属性"对话框中，指定明细表属性。

⑦ 单击"确定"。

多类别明细表仅可包含可载入族。当选择"共享参数"时，类别不具有选定的共享参数将无法被选择。

（2）图形柱明细表　结构柱在柱明细表中通过相交轴线及其顶部和底部的约束和偏移来标识。结构柱根据这些标识放置到柱明细表中（图2-94）。具体步骤如下：

"视图"选项卡→"创建"面板→"明细表"下拉列表→"图形柱明细表"。

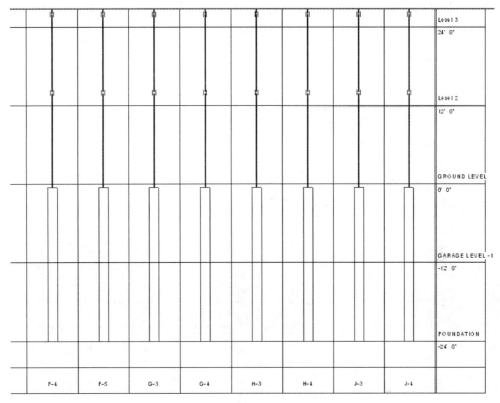

图 2-94

可用交点标识并且拼接和底板可见的柱。

（3）材质提取　创建材质提取明细表，添加提供详细信息（例如项目构件会使用何种材质）的明细表。

（4）图纸列表　创建图纸列表，还可以将图纸列表用作施工图文档集的目录。生成的图纸列表会显示在绘图区域中。在"项目浏览器"中，它显示在"明细表/数量"下。

（5）注释块　创建注释明细表（注释块），拾取名称并设置新"注释块"的属性值。

（6）视图列表　创建视图列表，视图列表显示在"项目浏览器"和图形区域中。生成的视图列表会显示在绘图区域中。在"项目浏览器"中，它显示在"明细表/数量"下。

2.2.7.19　范围框

只能在平面视图中创建范围框。创建范围框后，可以在三维视图中修改其大小和位置。步骤如下：

① 在平面视图中，单击"视图"选项卡→"创建"面板→"范围框"。

② 如果需要，可在选项栏上输入范围框的名称，并指定其高度。

注意：也可在创建范围框之后再修改其名称。选择"范围框"，然后在"属性"选项板上，输入"名称"属性的值。

③ 要绘制范围框，应单击左上角以开始绘制范围框，单击右下角完成操作。

图 2-95 所示的楼层平面显示了 2 个范围框：一个围绕着主建筑，另一个围绕着翼形鸟舍。绘制范围框后，该框会显示拖曳控制柄，可以用它来调整范围框的大小，也可以使用旋转控制柄和"旋转"工具来旋转范围框。

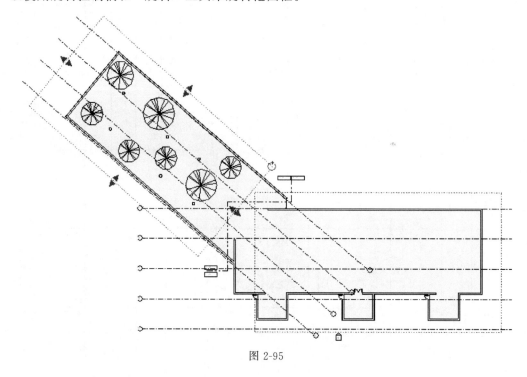

图 2-95

④ 如果需要，可以打开三维视图进一步调整范围框的大小和位置。

创建范围框后，需要执行下列操作：

a. 将各个范围框应用到基准图元。

b.（可选）将各个范围框应用到所需视图。

2.2.7.20 图纸

通过添加其他图纸，可增强图纸集的效果。

① 打开项目。

② 单击"视图"选项卡→"图纸组合"面板→"图纸"。

③ 选择标题栏，如下所述：

a. 在"新建图纸"对话框中，从列表中选择一个标题栏。如果该列表不显示所需的标题栏，单击"载入"。在"Library"文件夹中，打开"标题栏"文件夹，或定位到该标题栏所在的文件夹。选择要载入的标题栏，然后单击"打开"。

选择"无"将创建不带标题栏的图纸。

b. 单击"确定"。

④ 在图纸的标题栏中输入信息。

⑤ 将视图添加到图纸中。

⑥ 修改 Revit 已指定给该图纸的默认编号和名称。

图纸编号和名称显示在"项目浏览器"中的"图纸（all）"下。

注意：为了追踪每张图纸的打印时间，Revit 会在图纸上显示日期和时间戳。要设置此标记的显示格式，需修改计算机的区域设置和语言设置。

2.2.7.21 视图

可创建单个视图的副本以将该视图添加到多个图纸中。可以在图纸中添加建筑的一个或多个视图，包括楼层平面、场地平面、天花板平面、立面、三维视图、剖面、详图视图、绘图视图和渲染视图。每个视图仅可以放置到一个图纸上。要在项目的多个图纸中添加特定视图，应创建视图副本，并将每个视图放置到不同的图纸上。为快速打开并识别放置视图的图纸，可在"项目浏览器"中的视图名称上单击鼠标右键，然后单击"打开图纸"。

注意：还可以将图例和明细表（包括视图列表和图纸列表）放置到图纸上，图例和明细表可放置到多个图纸上。

可以通过使用视口类型向图纸上的视图应用标准设置。例如，可以创建在图纸上不显示视图标题的视口类型，或创建对将图形和其标题分开的线使用不同的线颜色和线宽的视口类型。

2.2.7.22 标题栏

修改项目信息时应更新标题栏。要修改在图纸上显示的标题栏，应使用下列方法之一：

（1）选择并修改

① 打开图纸。

② 在绘图区域中，选择标题栏。

③ 从"属性"选项板上的"类型选择器"中，选择所需的标题栏（如果所需的标题栏未包含在列表中，请载入它）。

（2）删除并拖曳

① 打开图纸。

② 在绘图区域中，选择标题栏，并按"Delete"键（如果图纸包含视图和明细表，它们仍位于绘图区域中的原来位置）。

③ 在项目浏览器中的"族""注释符号"下，展开所需的标题栏。

④ 将标题栏从"项目浏览器"拖曳到图纸上，然后单击以放置它。

（3）放置标题栏 当用户已从图纸删除标题栏，然后执行其他任务而未立即将新的标题栏放置到图纸上时，此方法很有用。要在没有标题栏的现有图纸上放置一个标题栏，需执行下列操作：

① 打开图纸。

② 单击"视图"选项卡→"图纸组合"面板→"标题栏"。

③ 从"属性"选项板上的"类型选择器"中，选择所需的标题栏。

④ 在绘图区域中单击，以将标题栏放置到图纸上。

2.2.7.23 修订

修订建筑模型时，应输入有关项目中修订的信息，稍后将云线批注添加到图纸时，可以将该修订指定给一个或多个云线。

注意：在项目中输入修订信息之前，应决定将如何在图纸上对云线批注进行编号。

① 在项目中，单击"视图"选项卡→"图纸组合"面板→"图纸发布/修订"。此时显示"图纸发布/修订"对话框。

② 要添加新修订，单击"添加"。对于第一个修订，编辑现有（默认）修订行的值。

③ 在修订行中，选择"数字""字母数字"或"无"作为"编号"。

④ 对于"日期"，输入进行修订的日期或发送修订以供审阅的日期。

⑤ 对于"说明"，输入要在图纸的修订明细表中显示的修订说明。

⑥ 如果已发布修订，输入"发布到"和"发布者"的值，然后选择"已发布"。

⑦ 对于"显示"，选择下列值之一（将修订指定给一个或多个云线之后，这些值即会适用）。

a. 无：在图纸中不显示云线批注和修订标记。

b. 标记：显示修订标记并绘制云线批注，但在图纸中不显示云线（要在图纸中移动或编辑云线，需在云线区域上移动光标以高亮显示和选择云线）。

c. 云线和标记：在图纸中显示云线批注和修订标记。此选项是默认值。

⑧ 单击"确定"。

2.2.7.24 导向轴网

导向轴网帮助排列视图，以便它们在不同的图纸上出现在相同位置。用户可以将同一个轴网向导显示在不同的图纸视图中，即可以在不同的图纸之间共享轴网向导。

创建新的轴网向导时，它们在图纸的实例属性中变得可用，并且可应用于图纸。建议仅创建几个轴网向导，然后将它们应用于图纸。在一张图纸中更改轴网向导的属性/范围时，使用该轴网的所有图纸都会相应得到更新。

将视图与当前图纸上的轴网向导对齐的操作步骤如下（图 2-96）：

① 打开图纸视图。

② 单击"视图"选项卡→"图纸组合"面板→"轴网向导"。

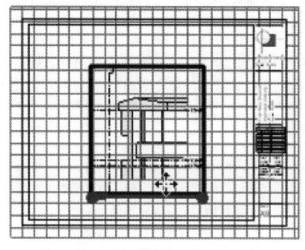

图 2-96

③ 在"指定导向轴网"对话框中，选择"新建"，输入名称，然后单击"确定"。

④ 单击并拖曳范围控制点以指定轴网向导的范围。默认轴网向导范围与图纸范围加偏移匹配。如果图纸为空，则范围将为"36×24"（900mm×600mm）。

⑤（可选）将其他视图拖曳到图纸上。

⑥ 选择所放置的视口，然后在功能区上单击（移动）。

⑦ 捕捉视口中的裁剪区域或基准，移动它们，使它们与轴网向导线对齐，从而指定图纸上的确切位置。

不会在图纸上的轴网向导与其他图元之间创建限制条件。

注意：用户仅可以捕捉到平行于轴网向导的基准（参照屏幕或轴网）的交点，无法捕捉到非正交基准，例如弧形轴网或有角度的参照平面。

2.2.7.25　拼接线

可从主视图中添加拼接线以显示新视图的拆分位置。

① 打开从中创建相关视图的主视图。

② 如果裁剪区域不可见，在视图控制栏上单击（显示裁剪区域）。主视图的裁剪区域和相关视图的裁剪区域均可见。

③ 单击"视图"选项卡→"图纸组合"面板→"拼接线"。

④ 绘制拼接线。

⑤ 完成绘制后，单击"完成拼接线"。

2.2.7.26　视图参照

对于相关视图，可使用拼接线指示视图的拆分位置时，视图参照将表明相关视图的图纸编号和详图编号。

2.2.7.27　视口

使用这些工具可以从图纸直接修改视图，而无需单独打开视图。

2.2.7.28　切换窗口

切换视图时，其他打开的视图将移动到绘图区域的后面，或者失去焦点。

2.2.7.29　关闭隐藏对象

使用该工具可以关闭除有焦点的窗口以外的所有其他窗口。

2.2.7.30　复制

用于打开当前视图的另一个实例。对视图的该实例进行的任何修改都将反映在视图的其他实例中。

2.2.7.31　层叠

用于按序列对绘图区域中所有打开的窗口进行排列。窗口按对象从左上角到右下角排列。

2.2.7.32　平铺

排列绘图区域中平铺的所有打开的视图。"平铺窗口"适用于同时查看多个视图中某些操作的结果。

2.2.7.33　用户界面

要显示某个用户界面组件，需选中其复选框。要将组件从用户界面中删除，应清除其复选框。

2.2.8 管理选项卡

2.2.8.1 材质

建议的方法是复制现有的类似材质，然后按需编辑名称和其他属性。例如，机械模型可能会有许多暗灰色外观的钢零件；如果其中一个零件具有镀铬表面，则可以通过复制钢材质来创建合适的材质，然后用铬外观替换灰色外观，保持物理资源不变；如果没有可用的类似材质，可以从头开始创建新的材质。但是，此方法通常需要进行较多的编辑工作，例如添加资源和更改属性。

2.2.8.2 对象样式

"对象样式"工具可为项目中不同类别和子类别的模型对象、注释对象和导入对象指定线宽、线颜色、线型图案和材质。用户可以逐个视图地替换项目对象样式。

2.2.8.3 捕捉

可使用"捕捉"对话框来启用和禁用对象捕捉并定义捕捉增量。该对话框还列出了多个键盘快捷键，可用于替换单个拾取的捕捉设置。

单击"管理"选项卡→"设置"面板→"捕捉"。

"捕捉"对话框还列出了为对象捕捉所定义的键盘快捷键。如果使用"键盘快捷键"对话框更改默认快捷键，"捕捉"对话框会显示新的快捷键。

注意：单击"恢复默认"可随时将捕捉设置重设为系统默认设置。

2.2.8.4 项目信息

本功能用于指定项目信息（例如项目名称、状态、地址和其他信息）。项目信息包含在明细表中，该明细表包含链接模型中的图元信息，还可以用在图纸上的标题栏中。

2.2.8.5 项目参数

项目参数用于在项目中创建明细表、排序和过滤。

2.2.8.6 项目单位

使用"项目单位"对话框设置项目单位。

2.2.8.7 共享参数

共享参数文件存储共享参数的定义。

2.2.8.8 其他设置

可使用这些设置来自定义项目的属性，例如单位、线型、载入的标记、注释记号和对象样式。

2.2.8.9 地点

创建项目时，应使用街道地址、距离最近的主要城市或经纬度来定义地理位置。该项目范围设置对于使用位置特定阴影的视图（如日光研究和漫游）生成的阴影非常有用。该位置是提供气象信息的基础，在能量分析期间将会使用这些气象信息。对于建筑系统工程师，气象信息还直接影响项目的加热和制冷需求。

2.2.8.10 坐标

（1）获取坐标 如果从链接的项目获取坐标，则链接项目的共享坐标将成为主体项目的共享坐标，坐标以链接项目实例在主体项目中的位置为基准，不会对主体项目的内部坐标进行任何修改。同时，主体项目也从链接项目中获取"正北"。链接项目共享坐标的原点成为主体项目共享坐标的原点。

如果 Revit 项目从链接 DWG 文件中获取坐标，则所选链接 DWG 文件的世界坐标系（WCS）将以链接 DWG 实例的位置为基准成为主体 Revit 项目的共享坐标系。DWG 实例的 Y 轴指向正北，而 DWG 实例的原点将成为 Revit 项目的共享坐标系的原点。

（2）发布坐标　将共享坐标系从主体项目发布至链接项目时，将更改链接项目。

（3）在点上指定坐标　可通过输入点来重新定位项目。

通过输入"北/南""东/西"和"高程"的特定坐标，可以重新定位项目，并将项目旋转到"正北"方向，也可以设置"正北"和"项目北"之间的角度。单击视图中的任意位置均可以设置坐标。某些坐标可能不可编辑，这取决于用户单击的位置。例如，在立面中，如果单击标高线，则可以编辑的唯一值是高程。

如果用户拥有由测量者提供的一组特定坐标，或报告了共享坐标并要将项目重新定位到报告的坐标，则可以使用此工具。

（4）报告共享坐标　可以报告主体模型中链接模型的共享坐标。返回的坐标是相对于模型间的共享坐标的。

2.2.8.11　位置

（1）重新定位项目　可以相对于共享坐标系移动模型。

（2）旋转正北　此功能可以将视图旋转到正北，还可以旋转视图，以反映正北（而不是项目北，即视图顶部）。将视图旋转到"正北"方向可以确保自然光照射在建筑模型的正确位置，并确保正确地模拟太阳在天空中的路径。

（3）镜像项目　通过镜像项目功能，可以相对于所选择的轴（"南-北""东-西""东北-西南"或"西北-东南"）为项目中的所有图元建立镜像（反映其位置和形状）。建立镜像项目时，模型图元、所有视图和注释都会被镜像。必要时注释方向将保留，例如文字不会镜像，以利于阅读。

（4）旋转项目北　在平面视图中旋转整个模型，可将其方向变为"项目北"（绘图区域的顶部）。若要将视图旋转到"正北"，需使用"旋转正北"工具。以下示例说明了使用"旋转项目北"工具之前和之后的模型，如图2-97。

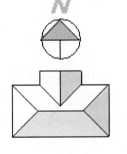

图 2-97

2.2.8.12　设计选项

编辑设计选项可以添加或修改其图元，将图元添加到为每个设计选项集以及添加的次设计选项自动创建的主选项内。

2.2.8.13　管理图像

可以使用"修改光栅图像"选项卡上的工具（例如"旋转"和"复制"）来修改图像。在绘图区域中选择某个图像后，会出现该选项卡。这些工具会影响已导入的图像以及已保存、已渲染的三维图像。可以用与控制详图图元相同的方式控制光栅图像的绘制顺序。

2.2.8.14 贴花类型

贴花类型包含以下任一图像类型：BMP、JPG、JPEG 和 PNG。

2.2.8.15 启动视图

用户可以指定打开特定模型时 Revit 默认情况下显示的视图。启动视图的默认设置为"最近查看"，即上次关闭模型时处于活动状态的视图。如果一个模型已经与中心模型工作共享并且同步，指定的启动视图将应用于所有本地模型。当打开中心模型或任何本地模型时，或当任何团队成员使用"打开"对话框从中心模型分离或创建本地模型时，都将打开该启动视图。

2.2.8.16 阶段

利用本功能可以确定要对项目进行追踪的工作阶段，并为每个工作阶段创建一个阶段。

① 单击"管理"选项卡→"阶段化"面板→"阶段"。"阶段化"对话框将打开，其中显示"工程阶段"选项卡。默认情况下，每个工程都有"现有构造"和"新构造"的阶段。

② 单击与阶段相邻的编号框。Revit 会选择整个阶段行。图 2-98 显示了选定的"新构造"阶段。

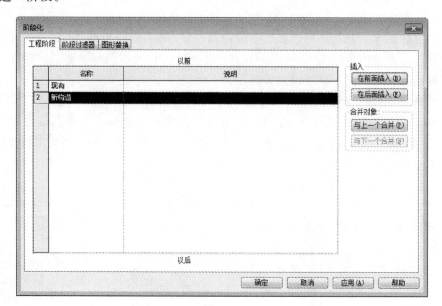

图 2-98

③ 插入一个阶段。

注意：在添加阶段之后将无法重新排列其顺序，因此应注意阶段的放置。

要在选定阶段之前或之后插入一个阶段，应在"插入"下，单击"在前面插入"或"在后面插入"。

在用户添加阶段时，Revit 会按顺序为这些阶段命名，例如：阶段 1、阶段 2、阶段 3，依此类推。

④ 如果需要，可单击阶段的"名称"文本框对其进行重命名。同样，单击"说明"文本框可以编辑说明。

⑤ 单击"确定"。

2.2.8.17 保存

此功能可将当前选定的图元另存为集。选择一组图元后，可以将该组图元另存为图元集，便于以后检索。保存时，应命名集以便将来参考。

2.2.8.18 载入

此功能可载入以前保存的选择集。用户可以从"过滤器"对话框中的列表中选择一个集；可选择多个图元，然后将其另存为预设的过滤器；可以在选择集中使用过滤器隔离、隐藏或应用图元的图形设置；还可以随时加载过滤器。

2.2.8.19 编辑

此功能可编辑以前保存的选择集。用户可以从"过滤器"对话框中的列表中选择一个集。单击"编辑"进入"选择编辑模式"，以便将图元添加到集中或从集中删除图元。

2.2.8.20 选择项的 ID

要确定选定图元的 ID，应使用"所选图元的 ID 号"工具。具体操作如下：

① 在视图中选择图元。

② 单击"管理"选项卡→"查询"面板→"所选图元的 ID 号"。

"图元 ID 的选择集"对话框会报告 ID 号。

2.2.8.21 按 ID 选择

当错误消息确定了某个有问题的图元时，用户可以使用其 ID 编号找到该图元。

用户的委托方还可能要求其使用图元的 ID 查找图元。具体操作如下：

① 单击"管理"选项卡→"查询"面板→"按 ID 号选择"。

② 在"ID 号选择图元"对话框中，键入 ID 号，然后单击"显示"。

软件将定位此图元并在视图中选择它。尝试按图元的 ID 查找视图专有图元时，此工具非常有用。

2.2.8.22 警告

在项目中工作时，可以随时查看警告消息列表，以查找可能需要查看和解决的问题。

① 单击"管理"选项卡→"查询"面板→"查阅警告信息"。

注意：如果没有警告消息，则该工具不会启用。

② 根据需要单击箭头按钮以滚动浏览警告消息列表。

③ 单击"确定"以关闭列表。

2.2.8.23 宏

使用宏管理器可以管理和运行宏。宏管理器是一个用户界面，可用于：

① 选择启动 Revit 宏 IDE 的选项，在该 IDE 中可以添加、编辑、构建和调试宏。

② 从分类列表中运行先前构建的宏。

宏管理器屏幕如图 2-99 所示。

2.2.8.24 宏安全性

处理宏时，应提防因宏的弱点而带来的风险，这一点非常重要。仅应从可信赖的源

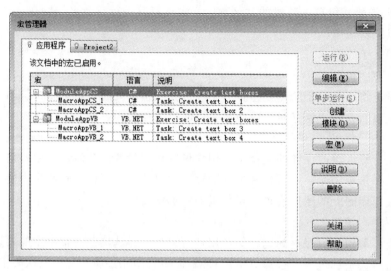

图 2-99

运行已知宏。

默认情况下，可以选择启用和禁用宏。这可以对用户的工作和计算机起到保护作用，避免意外运行危险的恶意代码。

2.2.9 修改选项卡

放置在图纸中的每个图元都是某个族类型的一个实例。图元有 2 组用来控制其外观和行为的属性：类型属性和实例属性。

2.2.9.1 类型属性

同一组类型属性由一个族中的所有图元共用，而且特定族类型的所有实例的每个属性都具有相同的值。

2.2.9.2 实例属性

一组共用的实例属性还适用于属于特定族类型的所有图元，但是这些属性的值可能会因图元在建筑或项目中的位置而异。

例如，窗的尺寸标注是类型属性，但其在标高处的高程则是实例属性。同样，梁的横剖面尺寸标注是类型属性，而梁的长度是实例属性。修改实例属性的值将只影响选择集内的图元或者将要放置的图元。

例如，如果选择一个梁，并且在"属性"选项板上修改它的某个实例属性值，则只有该梁受到影响。如果选择一个用于放置梁的工具，并且修改该梁的某个实例属性值，则新值将应用于用户使用该工具放置的所有梁。

2.2.9.3 粘贴

将图元从剪贴板粘贴到当前视图中。

① 将图元剪切或复制到剪贴板。

② 将光标放置在要粘贴图元的视图中。

③ 单击"修改"选项卡→"剪贴板"面板→"粘贴"下拉列表→"从剪贴板中粘贴"。

注意：也可以使用快捷键"Ctrl+V"来粘贴图元。

在粘贴模式下，绘图区域中会出现该图元的预览图像，与图 2-100 类似。图中将显示临时尺寸标注和尺寸界线，以帮助定位图元。

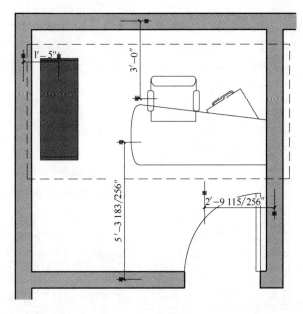

图 2-100

④ 单击鼠标将预览图像放置在所需的位置上。所粘贴的图元会显示在绘图区域中。它们处于选中状态，因此可以根据需要进行调整。

⑤ 根据需要调整所粘贴图元的位置。在图元处于选中状态时，可以根据需要修改它们。根据粘贴的图元类型，可以使用"移动""旋转"和"镜像"工具。

也可以使用"修改|〈图元〉"选项卡上的工具。可以使用的选项取决于所粘贴的图元。例如，对于建筑构件（例如窗），可以使用"拾取主体"或"编辑族"工具。对于其他类型的图元，可以使用"激活尺寸标注"（在选项栏上）或"编辑粘贴的图元"工具。

⑥ 要完成粘贴操作，需在绘图区域中粘贴的图元之外的位置单击鼠标，以取消选择这些图元（对于某些类型的图元，需单击"修改|〈图元〉"选项卡→"工具"面板→"完成"）。

如果要退出粘贴模式，放弃粘贴的图元，应单击"修改|〈图元〉"选项卡上的"取消"。

2.2.9.4　剪切到剪贴板

"剪切"工具可从图纸上删除一个或多个选定图元，并将其粘贴到剪贴板中。然后可以使用"粘贴"或"对齐粘贴"工具将图元粘贴到当前图纸或另一个项目中。

2.2.9.5　复制到剪贴板

"复制到剪贴板"工具可将一个或多个图元复制到剪贴板中。然后可以使用"从剪贴板中粘贴"工具或"对齐粘贴"工具将图元的副本粘贴到图纸中或其他项目中。

"复制到剪贴板"工具与"复制"工具不同。要复制某个选定图元并立即放置该图元时（例如，在同一个视图中），可使用"复制"工具。在某些情况下可使用"复制到剪贴板"工具，例如，需要在放置副本之前切换视图时。

2.2.9.6 匹配类型属性

使用"匹配类型"工具可转换一个或多个图元，以便与指定给另一图元的类型相匹配。源图元和目标图元必须属于相同的常规类别。例如，可以选择常规墙，然后选择不同类型的其他墙并将它们全部转换为常规墙。"匹配类型"工具可将类型参数从源图元复制到目标图元。它不会复制实例参数。

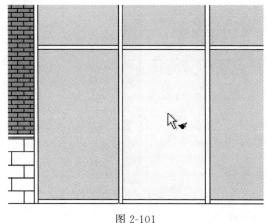

图 2-101

① 单击"修改"选项卡→"剪贴板"面板→"匹配类型属性"。光标将变为画笔。

② 单击一个属于要将其他图元转换到的类型的图元。光标画笔便会完全显示，如图 2-101。

③ 单击相同类别的一个图元以将其转换为选定类型。要转换多个图元，需继续逐个单击这些图元，或者在"修改|匹配类型"选项卡→"多个"面板上，单击"选择多个"。绘制选取框以选择图元，然后单击"完成选择"。

④ 如果要选择新类型，需单击绘图区域中的空白空间（或按"Esc"键一次）以清空画笔光标，然后重新开始。

⑤ 要退出该工具，需按"Esc"键两次。

2.2.9.7 连接端切割

"连接端切割"可以应用于模型的钢构件，例如梁和柱。例如，在梁与大梁共同形成框架的位置，Revit可以围绕大梁对梁添加"连接端切割"。要查看"连接端切割"，视图的"详细程度"必须为"中等"或"精细"。图2-102所示为应用连接端切割之前（左）和应用连接端切割之后（右）的梁。

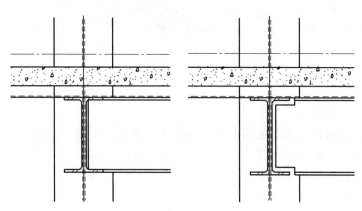

图 2-102

2.2.9.8 剪切

不管几何图形是何时创建的，使用"剪切几何图形"工具可以拾取并选择要剪切和不剪切的几何图形。创建空心时，空心仅影响现有的几何图形。在这种情况下，用户可以使用"剪切几何图形"工具让空心剪切在空心就位之后创建的实心形状。

通常以空心剪切几何图形。但是，用户还能够以实心剪切某些模型。这些模型包含概念体量和模型族实例。

注意：使用"剪切几何图形"命令时，第二个拾取对象的材质将同时应用于两个对象。

不能以实心形状剪切系统族、详图族和轮廓族。

注意：虽然此工具和"取消剪切几何图形"工具主要用于族，但是也可以将其用于嵌入幕墙和剪切项目几何图形。

载入时以族中的空心进行剪切。载入包含未附着空心的族时，可以剪切项目中的对象。可以剪切的对象包括：墙、楼板、屋顶、天花板和结构框架、结构柱、结构基础、橱柜、家具、专用设备和常规模型。例如，在项目中放置水槽时，定义为属于水槽族一部分的空心可以剪切台面。在项目中放置隐蔽式照明设备时，定义为属于照明设备族一部分的空心可以剪切安装表面。

使用族中的空心剪切项目中的对象操作如下：

① 打开包含未附着空心的 Revit 族，然后单击"创建"选项卡→"属性"面板→"族类别和族参数"。

② 在"族类别和族参数"对话框中，选择"加载时使用空心剪切"并单击"确定"。

③ 将族载入到项目中并进行放置。

④ 单击"修改"选项卡→"几何图形"面板→"剪切"下拉列表→"剪切几何图形"。

⑤ 选择要剪切的对象。

⑥ 选择用于剪切的实例。

注意：如果实例有多个未附着的空心，所有这些空心都将参与到剪切中。

2.2.9.9 连接

使用"连接几何图形"工具可以在共享公共面的两个或多个主体图元（例如墙和楼板）之间创建清理连接，也可以使用此工具连接主体和内建族或者主体和项目族。

如图 2-103 所示，使用此工具可删除连接图元之间的可见边。之后连接的图元便可以共享相同的线宽和填充样式。

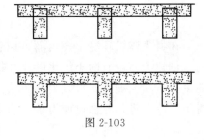

图 2-103

在"族编辑器"中连接几何图形时，会在不同形状之间创建连接，但是在项目中，连接图元之一实际上会根据下列方案剪切其他图元：

① 墙剪切柱。

② 结构图元剪切主体图元（墙、屋顶、天花板和楼板）。

③ 楼板、天花板和屋顶剪切墙。

④ 檐沟、封檐带和楼板边剪切其他主体图元，檐口不剪切任何图元。

注意：使用"连接几何图形"命令时，第一个拾取对象的材质将同时应用于两个对象。

"连接几何图形"的具体操作如下：

① 单击"修改"选项卡→"几何图形"面板→"连接"下拉列表→"连接几何图形"。

② 如果要将所选的第一个几何图形实例连接到其他几个实例，需选择选项栏上的"多重连接"。如果不选择此选项，则每次都必须选择两次。

③ 选择要连接的第一个几何图形（例如墙面）。

④ 选择要与第一个几何图形连接的第二个几何图形（例如楼板边缘）。

⑤ 如果已选择"多重连接"，则继续选择要与第一个几何图形连接的其他几何图形。

⑥ 要退出该工具，请单击"修改"或者按"Esc"键。

注意：如果在"族编辑器"内连接实体，可以仅对整个连接的几何图形应用"可见性"（开/关）参数，而不是对连接的子图元应用该参数。使用"Tab"键可以切换到组合的几何图形。

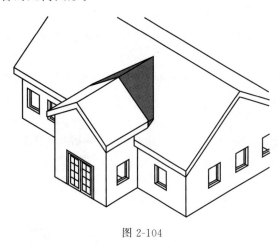

图 2-104

2.2.9.10 连接/取消连接屋顶

此功能可以将屋顶连接到其他屋顶或墙，也可以反转前面的连接（见图 2-104）。如果用户要添加较小的屋顶来为现有屋顶和墙创建老虎窗或遮篷式窗，应使用"连接屋顶"工具。

2.2.9.11 拆分面

"拆分面"工具拆分图元的所选面；该工具不改变图元的结构。可以在任何非族实例上使用"拆分面"。在拆分面后，可使用"填色"工具为此部分面应用不同材质。

在概念体量环境中，表面可以作为子面域的主体，而这些子面域可以有自己的属性。创建子面域有助于优化设计并提高能量分析的准确性。可以为子面域指定材质，或者将其轮廓拉伸为实心或空心形状以修改表面的地形。图 2-105 所示为填色前具有拆分面（窗周围）的墙；图 2-106 为填色后具有拆分面（窗周围）的墙。

要拆分面，应执行下列操作：

① 单击"修改"选项卡→"几何图形"面板→"拆分面"。

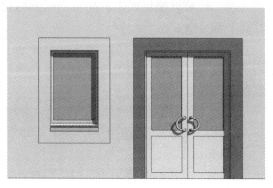

图 2-105

图 2-106

注意：在概念设计环境中，可以在选项栏上选择 UV 网格的"投影类型"。从下拉列表中选择"自上而下""与标高平行"或"跟随表面 UV"。投影类型将按照指定要求对齐子面域 UV 网格。

投影类型如图 2-107～图 2-109 所示，依次为"自上而下""平行于标高""跟随表面 UV"。"自上而下"适用于绘制天窗。"平行于标高"适用于绘制窗。

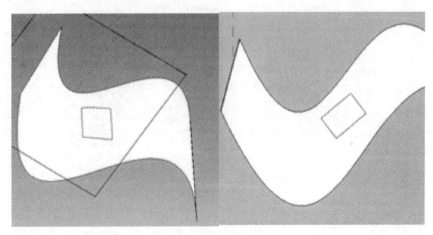

图 2-107

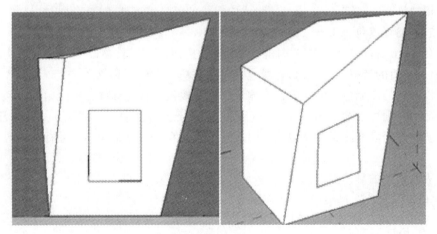

图 2-108

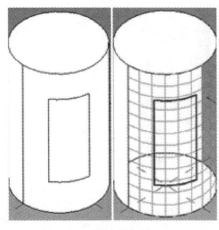

图 2-109

② 将光标放在图元面上使其高亮显示，需要按"Tab"键来选择所需的面。

③ 单击以选择该面。

④ 绘制要拆分的面区域。

注意：必须在面内的闭合环中或端点位于面边界的开放环中进行绘制。

在图 2-110 示例中，已拆分窗周围的墙，从而可以将墙填色为与门周围的边界匹配的颜色。

⑤ 单击"确定"（完成编辑模式）。

注意：可以拆分柱的表面，但是如果计划在项目中使用多个拆分面的柱实例，则需在"族编辑器"中创建并拆分柱。

图 2-110

2.2.9.12 梁柱连接

此功能可以调整端点连接处的缩进几何图形。有两种类型的梁端点连接：方接和斜接。使用"梁/柱连接"工具通过删除或应用梁的可见缩可调整这两种连接。

2.2.9.13 填色

"填色"工具可将材质应用于图元或族的所选面；该工具不改变图元的结构。填色（应用材质）前的楼梯见图 2-111，填色（应用材质）后的楼梯见图 2-112。

可以填色的图元包括墙、屋顶、体量、族和楼板。将光标放在图元附近时，如果图元高亮显示，则可以为该图元填色。将材质应用于拆分面时，"填色"工具非常有用。如果材质的表面填充图案是模型填充图案，则可以在填充图案中为尺寸标注或对齐选择参照。

为表面填色的具体操作如下：

① 单击"修改"选项卡→"几何图形"面板→"填色"。

② 在"材质浏览器"对话框中，选择一种材质。只有在选择着色工具时，才可浏览材质。

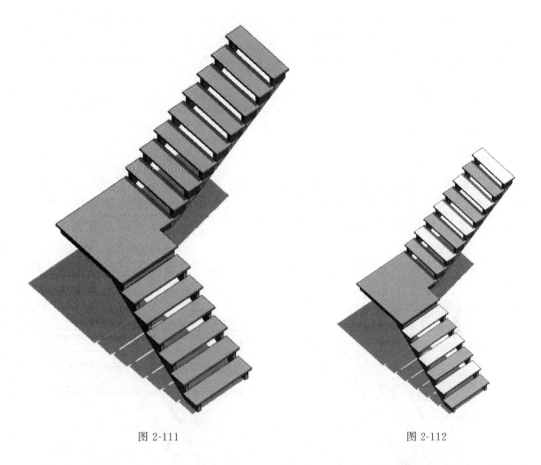

图 2-111   图 2-112

③ 将光标放在图元面上使其高亮显示。需要按"Tab"键来选择所需的面。如果高亮显示面已填色，则状态栏显示该表面应用的材质。

④ 单击应用"填色"命令。

⑤ 在"材质浏览器"对话框中，单击"完成"。

2.2.9.14　墙连接

本功能可实现更改最多涉及 4 面墙的连接的配置，方法是修改连接类型或墙连接的顺序。

注意：若要编辑超过 4 面墙的墙连接、跨多个楼板的墙连接以及在多个工作集中的墙连接，需进行编辑复杂墙连接。

① 单击"修改"选项卡→"几何图形"面板→"墙连接"。

② 将光标移至"墙连接"上，然后在显示的灰色方块中单击。若要选择多个相交墙连接进行编辑，需在连接周围绘制一个选择框，或在按下"Ctrl"键的同时选择每个连接。

注意：选择多个墙连接和更改配置的功能仅适用于 Revit 2016 版软件 Autodesk Maintenance Subscription 和 Desktop Subscription 用户以及学生。

③ 在选项栏上，选择以下可用连接类型之一：平接（默认连接类型）、斜接、方接（对墙端进行方接处理，使其呈 90°），分别如图 2-113～图 2-115。

图 2-113

图 2-114

图 2-115

④ 如果选定的连接类型为"平接"或"方接",则可以单击"下一步"和"上一步"按钮循环预览可能的连接顺序(图 2-116)。对于上面显示的方接连接,以下备用顺序可用(仅当选择单个墙连接进行编辑时,"下一个"和"上一个"功能才可用)。

注意:用户无法在一面墙与另一面墙内部之间进行方接连接或斜接连接,也无法修改平接连接的顺序,因为只能进行一个平接连接配置。此布局的示例如图 2-117 所示(选择"不清理连接"选项时)。

图 2-116

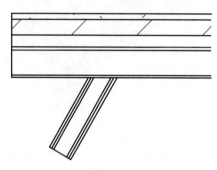
图 2-117

显示所需的配置时,需单击"修改"退出该工具。

2.2.9.15 拆除

如果用户在一个视图中拆除某个图元,该图元在阶段相同的所有视图中都被标记为已拆除。"拆除"的具体操作如下:

① 打开要在其中拆除图元的视图。

② 单击"修改"选项卡→"几何图形"面板→"拆除"。光标将变成锤子形状。

③ 单击要拆除的图元。将光标移到可以拆除的图元上时,这些图元将高亮显示。拆除的图元的图形显示会根据阶段过滤器中的设置而更新。

④ 要退出"拆除"工具,单击"修改"选项卡→"选择"面板→"修改",如图 2-118。

2.2.9.16 对齐

使用"对齐"工具可将一个或多个图元与选定图元对齐。此工具通常用于对齐墙、梁和线,但也可以用于其他类型的图元。例如,在三维视图中,可以将墙的表面填充图案与其他图元对齐。可以对齐同一类型的图元,也可以对齐不同族的图元。可以在平面视图(二维)、三维视图或立面视图中对齐图元。

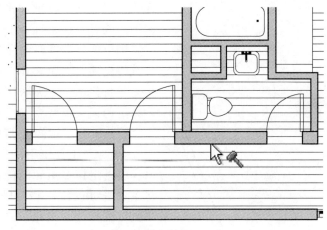

图 2-118

2.2.9.17 偏移

使用"偏移"工具可以对选定模型线、详图线、墙或梁沿与其长度垂直的方向复制或移动指定的距离，可以对单个图元或属于相同族的图元链应用该工具，还可以通过拖曳选定图元或输入值来指定偏移距离。

下列限制条件适用于"偏移"工具：

① 只能在线、梁和支撑的工作平面中偏移它们。例如，如果绘制了一条模型线，其工作平面设置为"楼层平面：标高 1"，则只能在此平面视图的平面中偏移这条线。

② 不能对创建为内建族的墙进行偏移。

③ 不能在与图元的移动平面相垂直的视图中偏移这些图元。例如，不能在立面视图中偏移墙。

偏移图元或图元副本的具体操作如下：

① 单击"修改"选项卡→"修改"面板→"偏移"。

② 在选项栏上，选择要指定偏移距离的方式。

③ 如果要创建并偏移所选图元的副本，应选择选项栏上的"复制"；如果在上一步中选择了"图形方式"，则按"Ctrl"键的同时移动光标可以达到相同的效果。

④ 选择要偏移的图元或链。如果使用"数值方式"选项指定了偏移距离，则将在放置光标的一侧在离高亮显示图元该距离的地方显示一条预览线，光标在墙的外面上如图 2-119 所示，光标在墙的内部面上如图 2-120 所示。

⑤ 根据需要移动光标，以便在所需偏移位置显示预览线，然后单击将图

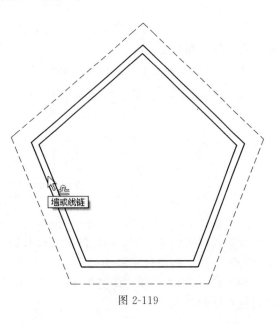

图 2-119

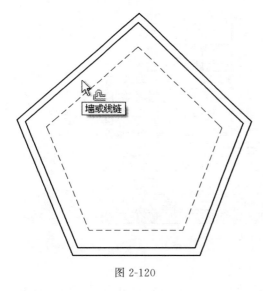

图 2-120

元或链移动到该位置，或在那里放置一个副本。或者，如果选择了"图形方式"选项，则单击以选择高亮显示的图元，然后将其拖曳到所需距离再再次单击。开始拖曳后，将显示一个关联尺寸标注，可以输入特定的偏移距离。

2.2.9.18 镜像-拾取轴/绘制轴

"镜像"工具使用一条线作为镜像轴，来反转选定模型图元的位置。可以拾取镜像轴，也可以绘制临时轴。使用"镜像"工具可翻转选定图元，或者生成图元的一个副本并反转其位置。

① 例如，如果要在参照平面两侧镜像一面墙，则该墙将翻转为与原始墙相反的方向。

具体应执行以下操作之一：

a. 选择要镜像的图元，然后在"修改|〈图元〉"选项卡→"修改"面板上，单击"镜像-拾取轴"或"镜像-绘制轴"。

b. 单击"修改"选项卡→"修改"面板，单击→"镜像-拾取轴"或"镜像-绘制轴"。然后选择要镜像的图元，并按"Enter"键。

注意：可以在选择插入对象（如门和窗）时不选择其主体。

要选择代表镜像轴的线，应选择"拾取镜像轴"。要绘制一条临时镜像轴线，应选择"绘制镜像轴"。

② 要移动选定项目（而不生成其副本），应清除选项栏上的"复制"。

注意：使用"Ctrl"键清除"选项栏"上的"复制"。

③ 选择或绘制用作镜像轴的线。只能拾取光标可以捕捉到的线或参照平面。不能在空白空间周围镜像图元。

Revit 可移动或复制所选图元，并将其位置反转到所选轴线的对面，如图 2-121。

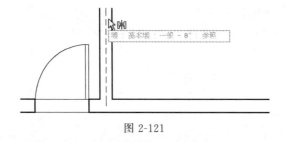

图 2-121

如需选择要镜像（和复制）的图元以及镜像轴，如图 2-122。

2.2.9.19 移动和复制

"移动"工具的工作方式类似于拖曳，但是，它在选项栏上提供了其他功能，允许进行更精确的放置。

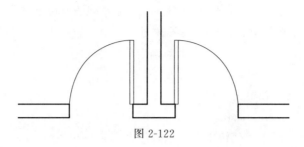

图 2-122

"复制"工具可复制一个或多个选定图元，并可随即在图纸中放置这些副本。"复制"工具与"复制到剪贴板"工具不同。要复制某个选定图元并立即放置该图元时（例如，在同一个视图中），可使用"复制"工具。在某些情况下可使用"复制到剪贴板"工具，例如，需要在放置副本之前切换视图时。

2.2.9.20 旋转

在楼层平面视图、天花板投影平面视图、立面视图和剖面视图中，图元会围绕垂直于这些视图的轴进行旋转。在三维视图中，该轴垂直于视图的工作平面，见图 2-123、图 2-124。

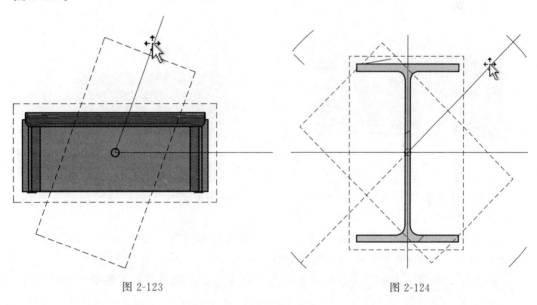

图 2-123　　　　　　　　　　　　　图 2-124

并非所有图元均可以围绕任何轴旋转，例如，墙不能在立面视图中旋转。窗也不能在没有墙的情况下旋转。

旋转图元的方法如下所述。

① 首先，执行下列操作之一：

a. 选择要旋转的图元，然后单击"修改｜〈图元〉"选项卡→"修改"面板→"旋转"。

b. 单击"修改"选项卡→"修改"面板→"旋转"，选择要旋转的图元，然后按"Enter"键。

在放置构件时，选择选项栏上的"放置后旋转"选项。

注意：要为进行旋转选择工作平面网格，应缩小以查看完整工作平面范围，然后单击网格边缘。旋转控制的中心将显示在所选图元的中心。

② 如果需要，可以通过以下方式重新确定旋转中心：

a. 将旋转控制拖至新位置。

b. 单击旋转控制，并单击新位置。

c. 按"空格"键并单击新位置。

d. 在选项栏上，选择"旋转中心：放置"并单击新位置。

注意：如果使用"旋转"命令，则快捷键"R3"可激活"放置"选项。如果未使用"旋转"命令，但选定了某个图元，则可以使用"R3"快捷方式启动"旋转"命令并激活"放置"选项。若要自定义"R3"快捷方式，需在键盘快捷键对话框中修改"定义新的旋转中心"命令。

该控制会捕捉到相关的点和线，例如，墙及墙和线的交点，也可以将其移到开放空间中，图 2-125、图 2-126。

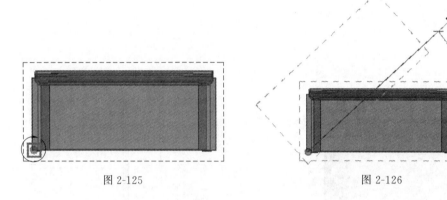

图 2-125　　　　　　　　　　　　图 2-126

注意：单击选项栏上的"旋转中心：默认"可重置旋转中心的默认位置。

③ 在选项栏上，选择下列任一选项：

a. 分开：选择"分开"可在旋转之前，中断选择图元与其他图元之间的连接。该选项很有用，例如，需要旋转连接到其他墙的墙时。

b. 复制：选择"复制"可旋转所选图元的副本，而在原来位置上保留原始对象。

c. 角度：指定旋转的角度，然后按"Enter"键。Revit 会以指定的角度执行旋转。

④ 单击以指定旋转的开始放射线。此时显示的线即表示第一条放射线。如果在指定第一条放射线时光标进行捕捉，则捕捉线将随预览框一起旋转，并在放置第二条放射线时捕捉屏幕上的角度。

⑤ 移动光标以放置旋转的结束放射线。此时会显示另一条线，表示此放射线。旋转时，会显示临时角度标注，并会出现一个预览图像，表示选择集的旋转。

注意：也可使用关联尺寸标注旋转图元，单击以指定旋转的开始放射线之后，角度标注将以粗体形式显示，使用键盘输入一个值。

⑥ 单击以放置结束放射线并完成选择集的旋转。选择集会在开始放射线和结束放射线之间旋转。Revit 会返回到"修改"工具，而旋转的图元仍处于选中状态。

2.2.9.21 修剪/延伸为角修剪/延伸单个/多个图元

使用"修剪"和"延伸"工具可以修剪或延伸一个或多个图元至由相同的图元类型定义的边界，也可以延伸不平行的图元以形成角，或者在它们相交时对它们进行修剪以形成角。选择要修剪的图元时，光标位置指示要保留的图元部分。可以将这些工具用于墙、线、梁或支撑。

① 修剪或延伸图元。

② 继续使用当前选定的选项修剪或延伸图元，或选择不同的选项。

注意：可以在工具处于活动状态时随时选择不同的"修剪"或"延伸"选项。这也会清除使用上一个选项所做的任何最初选择。

③ 要退出该工具，需按"Esc"键。

2.2.9.22 拆分图元

通过"拆分"工具，可将图元分割为两个单独的部分，可删除两个点之间的线段，也可在两面墙之间创建定义的间隙。

2.2.9.23 用间隙拆分

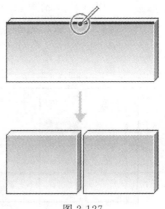

将墙拆分成之间已定义间隙的两面单独的墙，如图2-127所示。

使用定义的间隙创建两面墙的具体步骤如下：

① 单击"修改"选项卡→"修改"面板→"用间隙拆分"。

② 在选项栏上，指定"连接间隙"尺寸标注。

图 2-127

注意："连接间隙"限制为1/16″到1′（英制）之间的值。

③ 将光标移到墙上，然后单击以放置间隙。该墙将拆分为两面单独的墙。

（1）连接之间使用间隙拆分的墙　选择使用"用间隙拆分"创建的某一面墙时，绘图区域中将显示"允许连接"符号。如果需要，选择"允许连接"，然后将该墙拖曳到第二面墙，以将这两面墙进行连接。或者，单击鼠标右键，然后选择"不允许连接"。这将允许墙不带任何间隙而重新连接。

（2）取消连接使用"用间隙拆分"创建的墙

① 将光标移到使用"用间隙拆分"创建的两面墙之一上，该墙将高亮显示。

② 选择墙，在"拖曳墙端点"（由选定墙上的蓝圈指示）上单击鼠标右键，然后单击选择"不允许连接"。

③ 然后将该墙拖离其所连接的墙。

2.2.9.24 解锁

"解锁"工具用于对锁定在适当位置的图元或由其主体系统控制的图元进行解锁。解锁后，便可以移动或修改该图元，而不会显示任何提示信息。可以选择多个要解锁的图元。如果所选的一些图元没有被锁定，则"解锁"工具无效。

解锁图元可执行下列操作之一：

① 选择要解锁的图元，然后单击"修改 | 〈图元〉"选项卡→"修改"面板→"解锁"。

② 单击"修改"选项卡→"修改"面板→"解锁"，选择要解锁的图元，然后按"Enter"键。

在绘图区域中通过单击图钉控制柄将图元解锁后，锁定控制柄附近会显示"X"，用以指明该图元已解锁。

（1）幕墙嵌板示例　对于属于主体系统一部分的图元（如幕墙嵌板或梁系统中的梁），解锁图元后，可以替换图元的属性。主体系统中的锁定图元由主体系统属性和行为控制。在此情况下解锁图元，可使其独立于主机系统。对于此类图元，显示在绘图区域的锁定和解锁图标在图标图像中包含一个小链接，以指明该图元与主机系统有关系，见图2-128。

（2）网格线示例　对于已锁定在适当位置的独立图元（如网格线或墙图元），解锁图元后，可以移动或删除该图元。对于此类图元，显示在绘图区域的锁定和解锁图标的图像中不包含该链接，见图2-129。

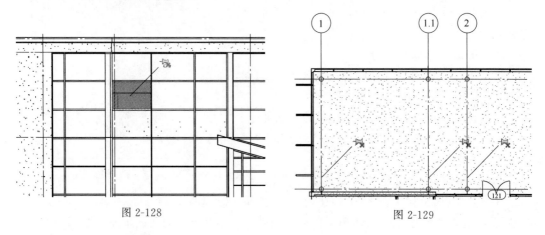

图2-128　　　　　　　　　　　　　　　　图2-129

2.2.9.25　创建阵列

阵列的图元可以沿一条线（线性阵列，见图2-130），也可以沿一个弧形（半径阵列，见图2-131）创建。

创建阵列时，需使用下列方法之一指定图元之间的间距：

① 指定第一个图元和第二个图元之间的间距（使用"移动到：第二个"选项）。所有后续图元将使用相同的间距。

② 指定第一个图元和最后一个图元之间的间距（使用"移动到：最后一个"选项）。所有剩余的图元将在它们之间以相等间隔分布。

图2-130

2.2.9.26　缩放

要同时修改多个图元，需使用造型操纵柄或"比例"工具。

"比例"工具适用于线、墙、图像、DWG 和 DXF 导入、参照平面以及尺寸标注的位置，可以图形方式或数值方式来按比例缩放图元。

调整图元大小时，应考虑以下事项：

① 调整图元大小时，需要定义一个原点，图元将相对于该固定点同等地改变大小。

② 所有图元都必须位于平行平面中。选择集中的所有墙必须都具有相同的底部标高。

③ 调整墙的大小时，插入对象与墙的中点保持固定距离。

④ 调整大小会改变尺寸标注的位置，但不改变尺寸标注的值。如果被调整的图元是尺寸标注的参照图元，则尺寸标注值会随之改变。

图 2-131

⑤ 导入符号具有名为"实例比例"的只读实例参数。它表明实例大小与基准符号的差异程度。可以通过调整导入符号的大小来修改该参数。

2.2.9.27　锁定

使用"锁定"工具可以将建模图元锁定在适当的位置。将建模图元锁定后，该图元将无法移动。

如果试图删除锁定的图元，Revit 会警告该图元已被锁定。

如果将某个构件锁定，而该构件被设置为与邻近图元一同移动，或者该构件所在的标高向上或向下移动，则该构件仍可移动。要锁定图元，需执行下列操作之一：

① 选择要锁定的图元，然后单击"修改 | 〈图元〉"→选项卡"修改"面板→"锁定"。

② 单击"修改"选项卡→"修改"面板→"锁定"，选择要锁定的图元，然后按"Enter"键。

Revit 会在图元附近显示一个图钉控制柄，用以指明该图元已锁定到位。要移动或删除该图元，必须首先单击图钉控制柄来将其解锁。再次单击图钉可锁定图元。

2.2.9.28　删除

"删除"工具可将选定图元从图形中删除，但不会将删除的图元粘贴到剪贴板。

"删除"可以执行下列操作之一：

① 选择要删除的图元，然后单击"修改 | 〈图元〉"选项卡→"修改"面板→"删除"。

② 单击"修改"选项卡→"修改"面板→"删除"，选择要删除的图元，然后按"Enter"键。

2.2.9.29　在视图中隐藏

可以永久或临时在视图中隐藏单个图元或几类图元。如果要隐藏的图元用作标记或尺寸标注的参照，则此标记或尺寸标注也将被隐藏。隐藏云线批注不会对图纸发布/修订表产生影响。该表始终显示模型中的所有修订。隐藏云线批注可能会影响图纸上的修订明细表。如果在图纸上不再显示该修订，则会将其从明细表中删除（默认）。

第二部分　建筑设计实践技巧及实际案例

第 3 章
Revit建筑设计技巧

本章要点

标高与轴网绘制技巧

建筑构件设计应用技巧

其他应用技巧

协同设计应用技巧

3.1 标高与轴网绘制技巧

3.1.1 标高的绘制和修改

标高可以直接绘制，绘制后会在"项目浏览器"中出现绘制标高的平面，也可以通过"复制"命令或"阵列"命令进行快速绘制，但存在差别。通过"复制"及"阵列"绘制的仅仅是二维的，并不具备三维意义，故在"项目浏览器"中不会出现对应的平面。所以必须加以设置方能具备三维意义，在"项目浏览器"中生成相应平面。

直接绘制标高，要在立面中绘制，选择"项目浏览器"中，"立面（建筑立面）"中东、南、西、北任意立面，双击，进入该立面视图，图 3-1，项目默认出现如图 3-2 所示的标高 1 和标高 2。点击标高后，进入标高绘制的上下文选项卡，图 3-3，选择直线进行绘制。可手动输入临时尺寸标注或目测临时尺寸合理后单击鼠标左键，完成后绘制下一标高，图 3-4。标高默认名称为上一名称顺序递增。原有为标高 1、标高 2，新建为标高 3，若将标高 3 删除，按上述方法再次新建，出现的会是标高 4，而不是标高 3，图 3-5。这样可以通过标高的修改来进行标高的命名。

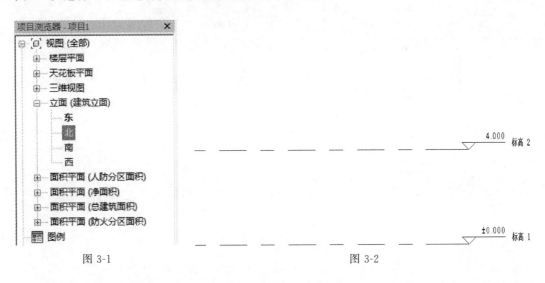

图 3-1   图 3-2

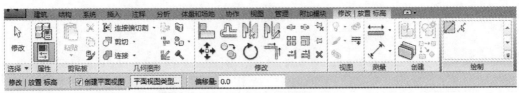

图 3-3

图 3-4   图 3-5

通过"复制"命令可快速建立标高。在"修改"选项卡下，点击"复制"命令如图 3-6，选择要复制的标高，点击鼠标右键，点击"完成选择"（或空格键、回车键），图 3-7，选择任意参照点，一般选择端点或中点，移动到想要复制的位置，或键盘输入要复制标高的高度，如图 3-8 所示，点击"回车"键，完成单个标高复制。

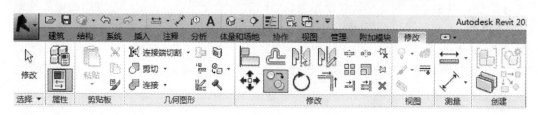

图 3-6

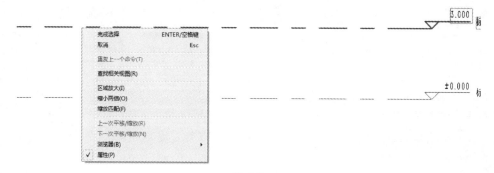

图 3-7

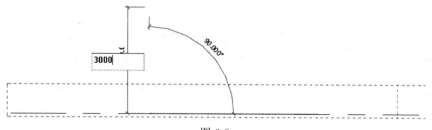

图 3-8

若复制多个标高，仍按上述做法，选择"复制"命令（或快捷键"co"），在选项栏中，将"约束""多个"选中，图 3-9，选择要复制的标高，按上述做法复制多个标高。单击"Esc"键退出复制，如图 3-10 所示。

图 3-9

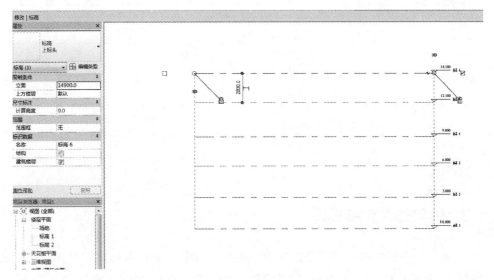

图 3-10

但在"项目浏览器"中，楼层平面中并没有通过"复制"命令建立的平面，说明通过"复制"命令完成的仅仅是该视图的表达，是二维的。若将其对应的平面建立出来，需要在"视图"选项卡下，点击"平面视图"中的"楼层平面"，如图 3-11 所示，然后会出现图 3-12 界面，点击"Shift"键将其全选，点击"确定"，这样在楼层平面中将会出现通过复制建立的标高平面，如图 3-13 所示。

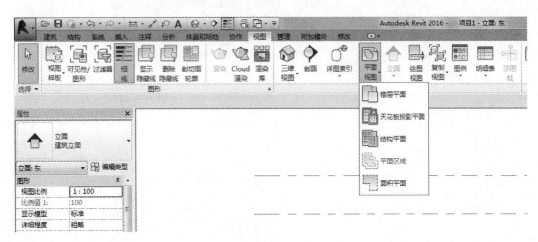

图 3-11

图 3-12

图 3-13

3.1.2 轴网的绘制和修改

在"项目浏览器"的"楼层平面"中，选择"标高1"，进入标高1平面绘图模式，在"建筑"选项卡下，找到"轴网"，如图3-14所示，进入"修改|放置 轴网"上下文选项卡，如图3-15所示。由上至下画轴网，轴号从1开始，可通过直接绘制或"复制"命令完成，如图3-16所示。轴号的命名以绘制的前一轴号为基础，如前一轴号为4，接下来绘制或通过"复制"绘制的轴号为5、6、7、…，若前一轴号为A，后一轴号为B、C、D等。所以在绘制时，要确定好前一轴号，否则绘制完成后再进行修改，工作量较大。安置图要求水平轴号为A、B、C、D、…，如图3-17所示。

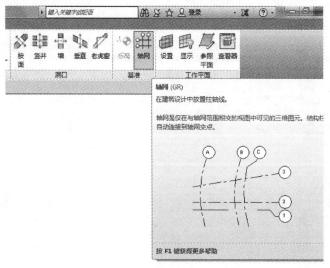

图 3-14

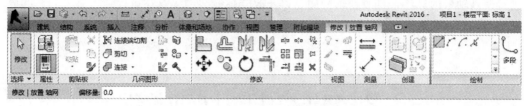

图 3-15

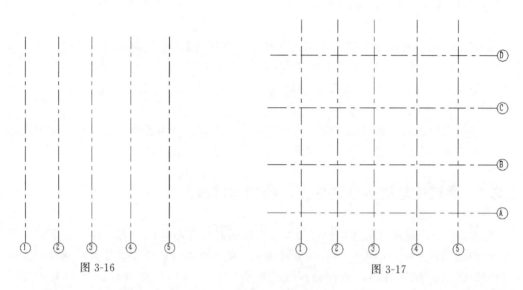

图 3-16   图 3-17

通过"属性"面板可对轴网等进行修改，如图 3-18、图 3-19 所示，可通过修改，

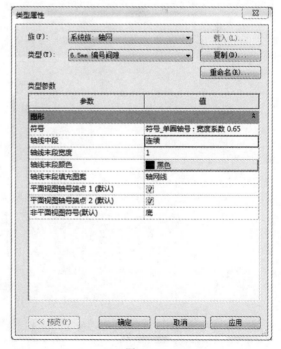

图 3-18   图 3-19

进行两侧轴号的标注，可改变轴网颜色以及改变轴线线型等。还可以通过载入族，完成轴号样式的改变等。

3.2 建筑构件设计应用技巧

Revit Architecture 是以三维模型为基础的，在利用 Revit 进行建筑设计时，前期的图纸设计会花费大量的时间，但是在后期的出图与设计阶段等方面有着其他软件不可比拟的优势，因此需要着眼于整个设计周期，并学会用三维的思维方式去看待和设计建筑。

在开始进行建筑设计之前，应该熟练掌握软件的相关基本操作，以及相关建筑设计技巧。本节着重介绍在进行建筑构件设计时所需要掌握的相关应用技巧。

3.2.1 建筑柱与结构柱的区别、绘制与修改

在 Revit 中，建筑柱和结构柱有很多共性，同时也有不同的地方。建筑柱是结构图元，可与结构柱连接，结构柱具有一个可用于数据交换的分析模型，建筑柱则没有。通常在进行建筑设计的时候，会在轴网处放置建筑柱，然后在建筑柱的基础上添加结构柱。

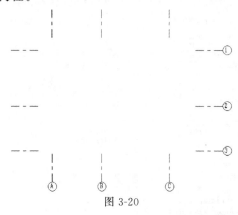

图 3-20

首先应进行结构柱的绘制。

打开 Revit Architecture 新建"建筑样板"文件项目，建立如图 3-20 所示的轴网。

单击"建筑"选项卡下"构造"面板"柱"下拉列表中的"结构柱"命令，激活"修改 | 放置 结构柱"上下文选项卡。在左侧"类型选择器"中选择柱类型："UC-常规柱-柱：305X305X97UC"。在"放置"面板中选择"垂直柱"，选择放置柱方式为"高度"，标高为"标高 2"，如图 3-21 所示。

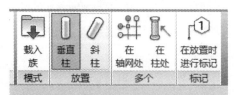

图 3-21

移动鼠标光标至轴网处，捕捉轴网交点，单击鼠标左键，即可完成"结构柱"的绘制。如图 3-22 所示。

在进行结构柱的绘制时，还可以选择"多个"面板下的"在轴网处"或"在柱处"两种绘制方式。

在"类型选择器"中选择好要绘制的结构柱类型后，单击"在轴网处"绘制命令，激活"修改|放置 结构柱"选择"在轴网交点处"上下文选项卡，然后框选需要绘制结构柱的轴网，单击"完成"，即可完成结构

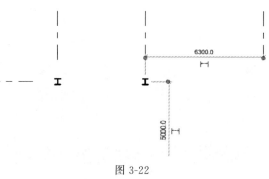

图 3-22

柱在"在轴网处"的绘制。这种方式比较适合在进行建筑设计时，大面积绘制柱网结构时运用。如图 3-23 所示。

在进行建筑设计时，若已经完成了建筑柱的布置工作，而要对模型进行建筑柱的绘制，这时就可以运用"在柱处"的绘制命令来完成。

在完成结构柱的绘制后，可以单击选择刚刚创建的结构柱，激活"修改|结构柱"上下文选项卡，然后可以通过"修改柱"面板中的"附着"命令对结构柱进行修改。

建筑柱的绘制方式同结构柱相同。在"类型选择器"中选择好需要绘制的建筑柱后即可根据同样方式进行建筑柱的绘制，但是这里要明白的是，建筑柱属于图元构件，只能通过"复制"命令来进行批量绘制。如图 3-24 示。

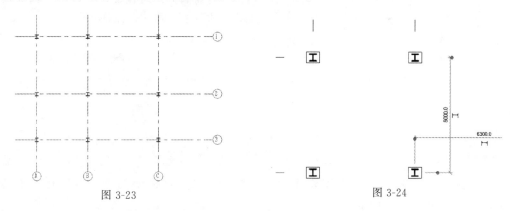

图 3-23　　　　　　　　　　　　　　　图 3-24

3.2.2　梁的绘制与修改

梁是用于承重的结构图元。每个梁的图元都是通过特定梁族的类型属性定义的，此外，还可以修改各种实例属性来定义梁的功能。

Revit 会根据支撑梁的结构图元，自动确定梁的"结构用途"属性。用户也可以在放置梁之前或之后修改梁的结构用途。在"修改|放置 梁"上下文选项卡的选项栏中"结构用途"的下拉菜单中定义梁的结构用途，如图 3-25 所示。

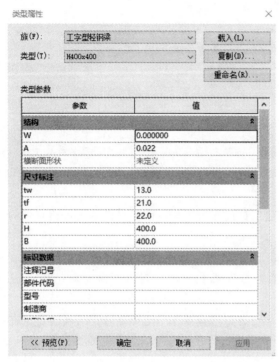

图 3-25

在这里需要明白的是，可以将梁附着到任何其他结构图元上，包括结构墙，但是梁不会自动连接到非承重墙。

接下来进行"梁"的绘制。

单击"结构"选项卡下的"结构"面板中的"梁"按钮，激活"修改|放置 梁"上下文选项卡。在左侧选择需要绘制的梁的类型，如果没有，可以通过载入族或者新建族类型的方式来选择。然后在"选项栏"中的"结构用途"下拉列表给梁定义一个结构用途。如图 3-26 所示。

图 3-26

在绘图区域的相应位置单击起点和端点，即可完成梁的绘制。当用户在绘制梁时，光标会捕捉其他结构图元，例如柱的矩心或墙的中心线，绘图区域下方的状态栏会显示光标捕捉的位置。如图 3-27 所示。

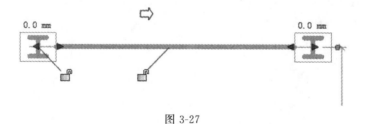

图 3-27

在进行梁的绘制时，如果需要连续不中断地画梁，则需要勾选"选项栏"中的"链"命令。如图 3-28 所示。

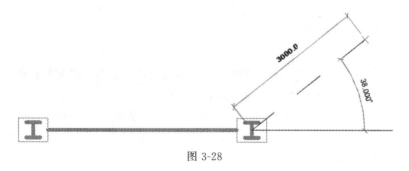

图 3-28

若勾选"三维捕捉"命令，就可以在"三维视图"中进行梁的绘制。在三维视图中，鼠标光标可以捕捉到点。如图 3-29 所示。

用户还可以使用"多个"面板的"在轴网上"功能进行梁的大批量绘制。

单击"结构"选项卡下"结构"面板中的"梁"按钮，激活"修改|放置 梁"上下文选项卡。在左侧"类型选择器"中选择或新建需要的梁的类型，单击上下文选项卡中"多个"面板下的"在轴网上"命令。如图 3-30 所示。

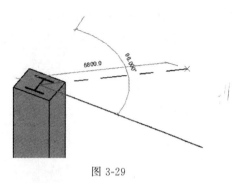

图 3-29

图 3-30

框选需要创建梁的轴网，然后单击"完成"即可完成"在轴网上"命令的绘制。如图 3-31 所示。

梁系统可以创建包含一系列平行放置的梁的结构框架图元，可以通过拾取结构支撑图元（如梁和结构墙），或者通过绘制边框，来创建结构梁系统。

单击"结构"选项卡下"结构"面板中的"梁系统"按钮。激活"修改|放置 结构梁系统"上下文选项卡。用户可以在"梁系统"面板中选择绘制梁系统的方式。如图 3-32 所示。

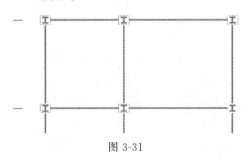

图 3-31

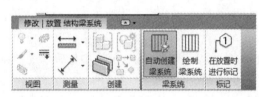

图 3-32

单击选择"绘制梁系统"，激活"修改|创建梁系统边界"，单击选择"绘制"面板"边界线"命令中的绘图工具。如图 3-33 所示。

图 3-33

通过使用绘图工具命令，在绘图区域进行梁系统边界的绘制。完成后在"梁方向"命令中可以指定梁系统中梁的方向。单击"完成"即可完成"梁系统"的绘制。如图3-34所示。

完成梁系统的绘制后，用户可以在"属性"对话框中，对其属性进行定义。如图3-35所示。

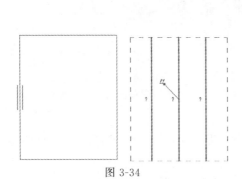

图 3-34

图 3-35

3.2.3　墙体的绘制与编辑

在 Revit 中可以在平面视图中或三维视图中进行墙体的绘制。墙是一种构件类型，它的创建方式同 CAD 中创建的方式相同，都是通过指定起点和终点的方式进行绘制，但是基于 BIM 的构件模型与 CAD 的平面几何元素有着本质的区别。从本质上讲，基于BIM 的构件模型是包含建筑构件的三维描述在内的更广泛的建筑信息的描述或编码。

单击"建筑"选项卡下"构件"面板中的"墙"命令。激活"修改|放置 墙"上下文选项卡。用户可以在选项栏中修改墙的绘制方式，如标高、定位线、偏移等元素。其中，定位线的位置将根据墙的绘制方式而变化。比如，将定位线设置为"面层面：内部"，并从左到右绘制，则定位线会显示在墙的内部；从右至左则会显示在墙的外部。如图 3-36 所示。

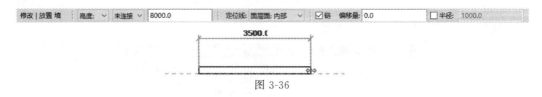

图 3-36

在"类型选择器"中选择所需要的墙类型，并对实例类型属性进行编辑。如图 3-37所示。

也可以通过单击"编辑类型"，打开"类型属性"对话框进行墙体类型的新建，并修改类型属性。如图 3-38 所示。

图 3-37

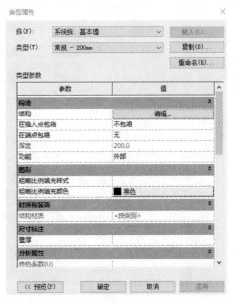

图 3-38

一般情况下，在进行建筑设计的时候，都是先绘制建筑的轴网，再在轴网上进行墙体的绘制。在轴网上进行墙体的绘制时，需要通过捕捉的方式精准地绘制到轴网上。

在进行建筑设计时，经常需要修改墙体，有些人在设计初期，通常以默认墙体类型对建筑平面进行大致的划分，而具体墙类型的设计则是需要深化设计的工作，可能会在工作后期对某段墙体进行深化设计与修改。

每一段墙体都是作为特定墙体类型的实例来存在的，我们可以通过选择需要修改的墙体，在实例类型属性中进行对墙体的编辑和修改，也可修改墙体的类型属性，以修改该墙体类型的所有实例参数属性。比如在平面视图中绘制一段墙，并单击选中墙体。如图 3-39 所示。

单击墙体上方出现的蓝色翻转控制柄可以改变墙体的面层朝向，单击墙体两端出现的控制点并进行拖曳即可对墙体的长度和方向进行编辑。如图 3-40 所示。

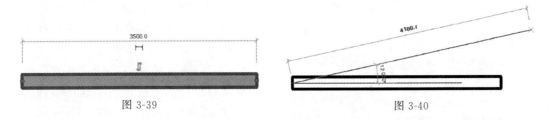

图 3-39   图 3-40

在用户选择这段墙体时，会激活这段墙体的实例属性对话框，每一段墙体实例都包含具体的实例属性，用以定义墙体的外观、构造和尺寸，用户可以在其中的"类型选择器"中更换墙体类型，也可以进行限制条件的修改和编辑。单击"编辑类型"打开"类型属性"对话框，可以修改类型的属性。如图 3-41 所示。

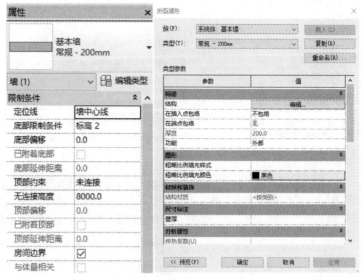

图 3-41

这里需要明白的是实例属性和类型属性的区别。实例属性影响的是所选择的单个结构图元的属性；类型属性影响的是全部在项目中运用该种类型结构图元的属性。用户对类型属性作出的修改会在整个项目中传播，并自动在项目中该类型的每个实例图元上反映出来。

用户可以单击"类型属性"对话框中的"结构"选项后的"编辑"按钮，打开"编辑部件"对话框，对墙体结构进行编辑。如墙的纵向构造、墙体各层结构、厚度及材料等都可以根据设计要求来进行编辑。如图 3-42 所示。

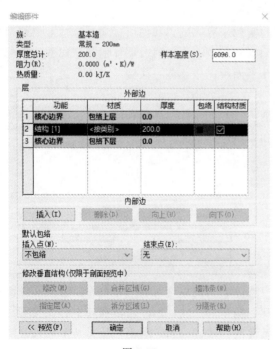

图 3-42

墙体可以是由多层材料构成的，如石膏板、保温层、空气间层、砖和面层等，同时，用户也可以利用 Revit 进行多层复合墙体的绘制，还可以在"编辑部件"对话框中对墙体的分隔缝、装饰条等精细构造进行设计，在"编辑部件"对话框中单击"预览"，并修改视图为"剖面：修改类型属性"即可在"修改垂直结构"面板选项下进行墙饰条和分隔缝的设计。如图 3-43 所示。

单击"墙饰条"按钮，激活"墙饰条"对话框，这里用户需要先添加一个墙饰条类型，并通过载入族的方式来载入墙饰条的轮廓，单

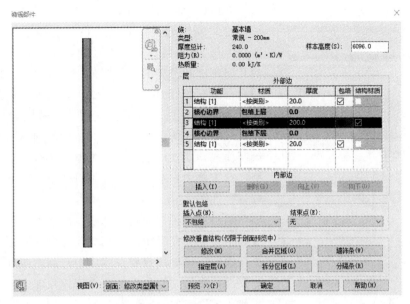

图 3-43

击"确定"即可完成墙饰条的添加，如图 3-44 所示。

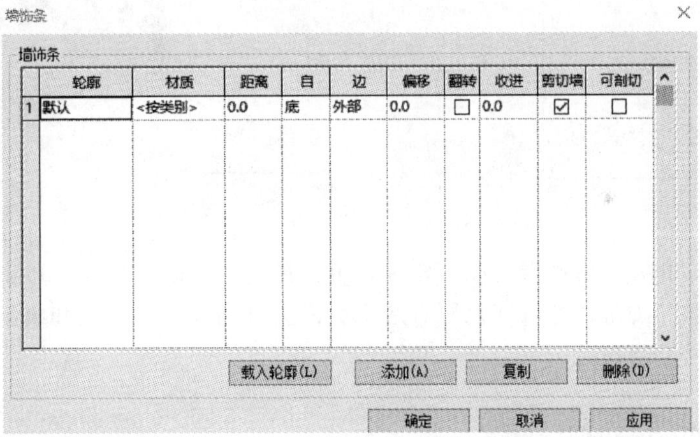

图 3-44

分隔条的添加方式和墙饰条的添加方式相同，用户可自行尝试添加。

在进行建筑设计时，如果需要修改某些特定墙体的族类型属性，就需要为这些特定墙体新建新的族类型，然后再应用到这些墙体上，避免修改其他相同族类型墙体的属性。

在进行建模工作时，常常会碰到墙体需要特殊造型的需求，比如在墙体开洞或修改墙体造型。用户可以通过"修改|墙"上下文选项卡下"模式"面板中的"编辑轮廓"来对墙体进行编辑，以达到对墙体的特殊要求。

选中刚才所创建的那段墙体，单击"编辑轮廓"按钮，激活"转到视图"对话框，选择可以看到墙体立面轮廓的视图。也可以转到三维视图中对墙体轮廓进行编辑，选择"立面：南"，并打开视图。如图 3-45 所示。

图 3-45

然后用户即可看到刚才所创建墙体的轮廓。在对墙体轮廓编辑之前，需要明白"草图"的概念，在Revit中，很多构件类型都是通过草图来定义其具体的几何轮廓和造型的，草图是用来为复杂构件造型的信息框架。我们对草图进行编辑，相应的模型构件信息也会随之更新。这里应该明确，草图本身不是构件，只是构件的属性。不同类型构件的草图有不同的绘制模式，如立体绘制、二维形式，有些则是闭合造型。这需要用户在操作软件中对"草图"概念进一步理解。如图 3-46 所示。

然后用户可以通过"修改"面板下的"相关"命令和"绘制"面板中的"相关"命令对墙体轮廓草图进行编辑。比如用户要在墙体中开洞，即可利用"绘制"面板中的"矩形"命令在墙体轮廓中画出洞口的轮廓草图，并单击模式下的"完成编辑模式"，即可完成洞口的编辑。如图 3-47 所示。

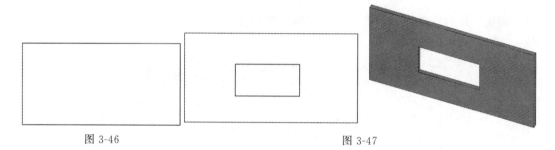

图 3-46   图 3-47

如果完成轮廓编辑后想恢复原有轮廓，可选择刚刚修改的墙体，单击"模式"面板下的"重设轮廓"按钮，即可恢复原有造型。读者可结合相关修改和绘制命令自行尝试其他造型轮廓的绘制。

3.2.4　幕墙的绘制与编辑

幕墙是一种由嵌板和幕墙竖梃组成的墙类型，在现代建筑设计中，可以发现，幕墙的应用是非常广泛的。在现代大型建筑和高层建筑中，常常用来作为带有装饰效果的轻质外墙，附着到建筑结构上，而且不承担建筑的楼板和屋顶荷载。幕墙的构造与形式也较为复杂。

在 Revit 中，幕墙由"幕墙嵌板""幕墙网格"和"幕墙竖梃"三大部分构成。可以通过参数或手动指定的方式确定幕墙网格的划分方式和数量。幕墙嵌板可以用任意形式的基本墙或幕墙嵌板族来替换。

幕墙的绘制方式同墙体的绘制方式相同。单击"建筑"选项下"构件"面板中的"墙"命令，在左侧"类型选择器"的下拉列表中选择"幕墙"。激活"修改|放置 墙"上下文选项卡，在绘制幕墙之前，可以在左侧"属性"栏中修改幕墙的"限制条件"，

以及"垂直网格"和"水平网格"。如图 3-48 所示。

　　完成设置后，在楼层平面视图的绘图区域单击起点和终点，即可完成一段幕墙的绘制。如图 3-49 所示。

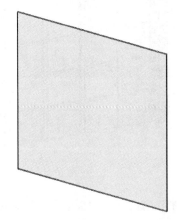

图 3-48　　　　　　　　　　　　　　　　　　　图 3-49

　　这里所创建的幕墙是没有竖梃和幕墙轴网的，需要选中所绘制的幕墙，在左侧"属性"栏中单击"编辑类型"选项卡"类型属性"对话框，对幕墙的构造和网格进行编辑。这里可以修改幕墙嵌板的类型和材质、网格的距离和数量以及竖梃的类型和材质。修改完成后如图 3-50 所示。

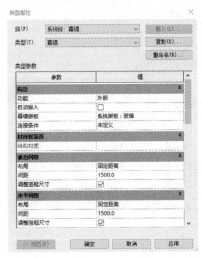
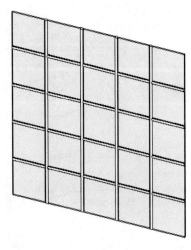

图 3-50

　　如果在"类型属性"对话框中勾选了"自动嵌入"选项，则幕墙可直接绘制在已经创建的墙体中，并进行自动嵌入。如图 3-51 所示。

　　用户可以像修改墙体轮廓一样修改幕墙的轮廓造型，从而创建异形幕墙以满足需求，如图 3-52 所示。

　　幕墙轴网决定了幕墙嵌板的划分以及幕墙竖梃的位置，可以通过修改幕墙类型属性的布局方式改变幕墙轴网的布置，前文已经介绍过，这里不再赘述；也可以通过"构

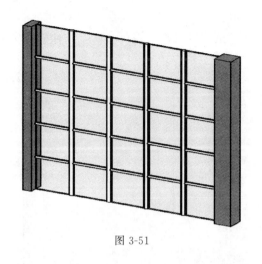

图 3-51

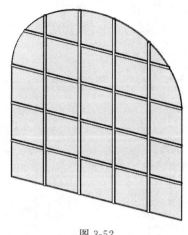

图 3-52

件"面板下的"幕墙网格"命令来对所创建的幕墙进行任意放置和删除轴网。用户可以通过"放置"面板中的三种放置命令来进行幕墙轴网的绘制。如图 3-53 所示。

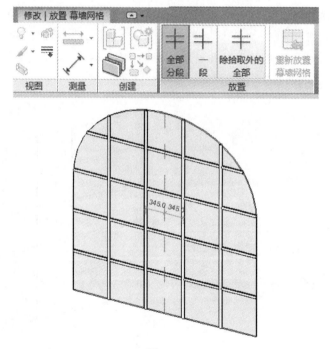

图 3-53

给幕墙添加竖梃,可以通过修改类型属性的方式来进行添加,但是通常某一段幕墙网格上只需要添加一部分竖梃,这就需要用到"构件"面板下的"竖梃"命令了。

单击"竖梃"命令,激活"修改│放置 竖梃"上下文选项卡。用户同样可以通过"放置"面板中的三种放置方式来对幕墙进行竖梃的放置。左侧"类型选择器"中可以选择不同的竖梃类型,也可以通过载入族的方式来载入新的竖梃类型轮廓。如图 3-54 所示。

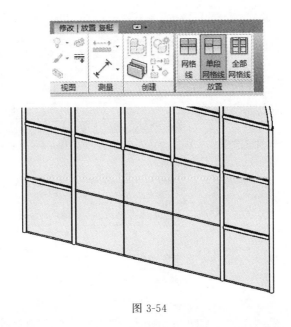

图 3-54

幕墙嵌板是幕墙竖梃内包络的幕墙部件，一般情况下为玻璃构件，在有特殊需求时，可以指定不同类型的嵌板，也可以根据要求自行创建自定义的嵌板类型，或者载入嵌板族类型。

3.2.5　门、窗的放置和修改

门和窗是建筑模型中的另一种构件类别，它和墙不同，墙是主体图元，门和窗不能脱离主体图元"墙"而单独存在，必须依赖主体墙才可以。

门可以在楼层平面视图、立面视图或者三维视图中进行放置，一般情况下，在进行建筑模型的创建时在楼层平面视图中进行放置。

门必须依靠墙体才能存在，下面以任意绘制一道墙体为例。单击"建筑"选项卡下"构造"面板中的"门"命令，激活"修改|放置 门"上下文选项卡。在左侧的"类型选择器"中选择需要的门的类型，选择好后，可在"属性"栏中修改门的实例属性，或者单击"编辑类型"，打开"类型属性"对话框对门的构造及性质进行编辑。如果需要更多的类型，也可以进行新建门的类型族或者通过载入族的方式进行添加。如图 3-55 所示。

完成门的类型及属性的修改后，如果需要在放置门时对门进行标记，可以单击选择"标记"面板中的"在放置时进行标记"按钮，然后移动鼠标光标至墙体，可以看到插入门的预览，移动光标至合适位置，单击鼠标左键即可完成门的插入。如图 3-56 所示。

单击选中刚才创建的门，在门的一侧会出现方向控制符，单击即可改变门的开门方向和门摆方向，或者在放置门之前按"空格"键也可以改变门的方向。用户也可以在左侧"类型选择器"中快速更换门的类型，在墙体上放置门或修改门，Revit 会自动调整门洞的大小并更新至所有的视图。

窗体的放置同门的插入方式基本相同，它同门一样，也可以在平面视图、立面视图

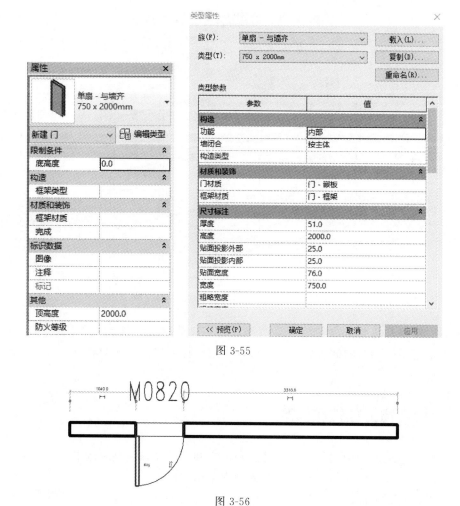

图 3-55

图 3-56

或是三维视图中进行放置，一般依然选择在平面视图中进行绘制。

同样地，窗也必须依靠主体墙才能存在。单击"建筑"选项卡下"构件"面板中的"窗"命令，激活"修改|放置 窗"上下文选项卡。在左侧的"类型选择器"中选择所需要的窗的类型，选择好后，可在"属性"栏中修改窗的实例属性，或者单击"编辑类型"打开"类型属性"对话框对窗的构造及性质进行编辑。如果需要更多的类型，也可以进行新建窗的类型族或者通过载入族的方式进行添加。如图 3-57 所示。

完成窗的类型及属性的修改后，同门一样，如果需要在放置窗时对门进行标记，可以单击选择"标记"面板中的"在放置时进行标记"按钮，然后移动鼠标光标至墙体，可以看到插入窗的预览，移动光标至合适位置，单击鼠标左键即可完成窗的插入。如图 3-58 所示。

单击选中刚才创建的窗体，在窗的一侧会出现方向控制符，单击即可改变窗户的方向，或者在放置窗之前按"空格"键也可以改变其方向。用户也可以在左侧"类型选择器"中快速更换窗的类型，在墙体上放置窗或修改窗时，Revit 会自动调整窗洞的大小并更新至所有的视图。

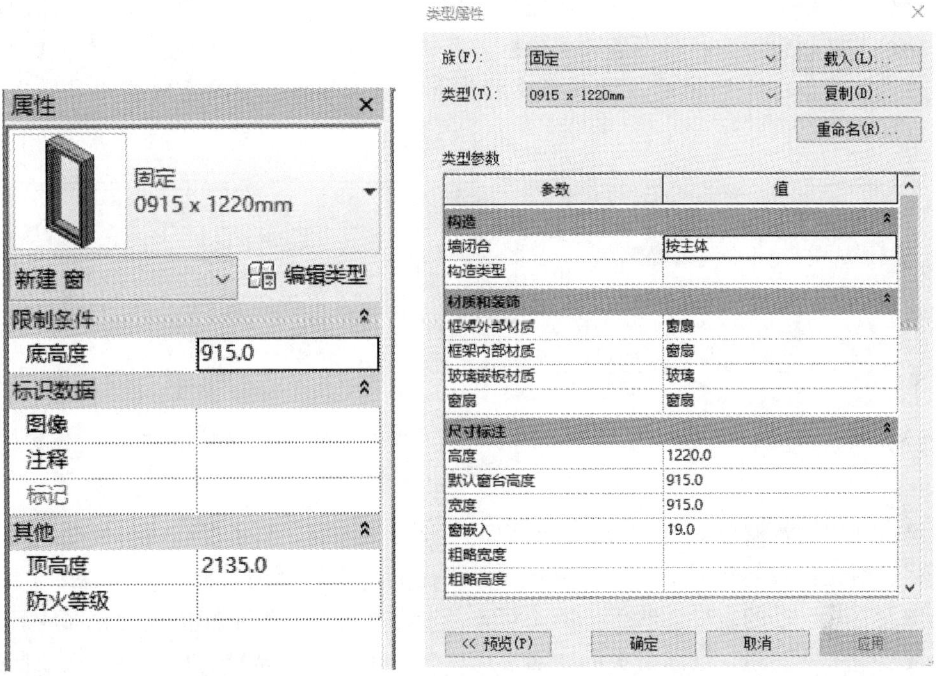

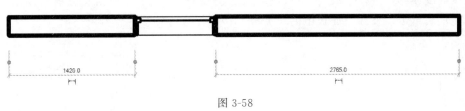

图 3-57

C0912

图 3-58

3.2.6　楼板的编辑和修改

楼板与梁、柱一样是建筑的承重构件之一，也是将建筑垂直方向分层的构件，在Revit 中可以在平面视图中或三维视图中进行楼板的绘制。楼板分为"楼板：建筑"和"楼板：结构"，二者的绘制方式相同，区别在于"楼板：结构"可以布置钢筋，可以对楼板的结构进行编辑，而"楼板：建筑"只能建立分层材质的编辑。

单击"建筑"选项卡下"构建"面板中的"楼板"命令，选择"楼板：建筑"，激活"修改|创建楼层边界"上下文选项卡。在"绘制"面板中有多种边界线类型，直线、矩形、圆弧、曲线、拾取墙等，如图 3-59 所示，根据需要选择合适的绘制类型。

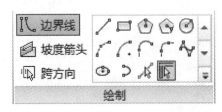

图 3-59

选择"拾取墙"类型，在绘图区域单击创建好的墙体，Revit 会在目标墙体的内表面自动绘制楼板模型线，单击楼板模型线上方的翻转控制柄可以改变楼板模型线位置至墙体外表面，如图 3-60 所示。绘制完成后单击"模式"面板中的完成按钮完成楼板的绘制。

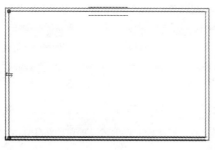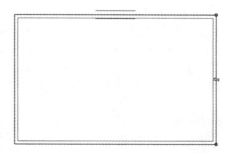

图 3-60

可以利用"绘制"面板中的"坡度箭头"绘制斜楼板，给楼板一定的坡度，但是除屋顶外，图元都只能在一个方向上倾斜。要创建有多个坡度的表面，应创建多个图元，每个图元有其自己的坡度，然后将图元对齐并锁定在一起。绘制好楼板的轮廓线后，单击"坡度箭头"按钮，坡度箭头的尾部必须位于一条定义边界的绘制线上，拖动鼠标到指定位置，绘制坡度箭头，如图 3-61 所示。

在选择这段坡度箭头时，左侧会激活坡度箭头的"实例属性"对话框，在"限制条件"处可以选择"尾高"或"坡度"，如图 3-62 所示，选择"尾高"可以调整尾高度偏移与头高度偏移，选择"坡度"可以直接定义斜楼板的坡度，根据实际需要确定选择。绘制完成后单击"模式"面板中的"完成"按钮完成斜楼板的绘制。

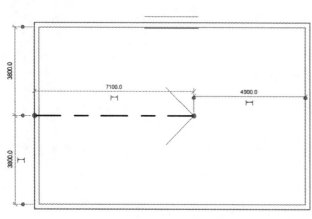

图 3-61

图 3-62

图 3-63

在后期对于特殊形状楼板的编辑可以利用"修改子图元"操作来完成，选中需要编辑的楼板，激活"修改|楼板"在"形状编辑"面板中选择"添加点""添加分割线"或"拾取支座"，对楼板形状进行编辑。如图 3-63 所示。

"添加点"可以在楼板的任意位置放置点造型控制柄，以调节该点的高度，如图 3-64 所示。在楼板任意位置放置一点，调节该点高度为 500，楼板在该点处升高。

"添加分割线"可以在楼板上两点之间添加线造型控制柄，调节线的高度，如图 3-65 所示。在楼板中间位置添加分割线，调节分割线高度为−500，楼板在该线处高度降低。

图 3-64   图 3-65

"拾取支座"用于定义分割线，并在选择梁时为板的恒定承重线，如图 3-66 所示。

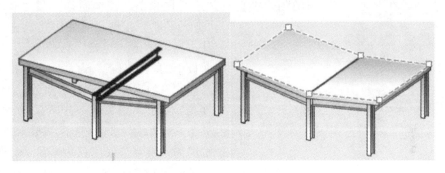

图 3-66

3.2.7 天花板的绘制与编辑

天花板是一座建筑室内的顶部表面，它并不是建筑的结构构件，而是装饰构件，可以进行装饰美化，安装灯具、空调等，是对装饰室内屋顶材料的总称。在室内设计中，天花板设计是不可或缺的一部分。

单击"建筑"选项卡下"构建"面板中的"天花板"命令，激活"修改|修改 放置天花板"上下文选项卡。在不进行修改条件下 Revit 会自动选择"自动创建天花板"，用户只需在已经创建的房间处单击鼠标，就可以自动生成与房间形状相同的天花板，如图 3-67 所示。

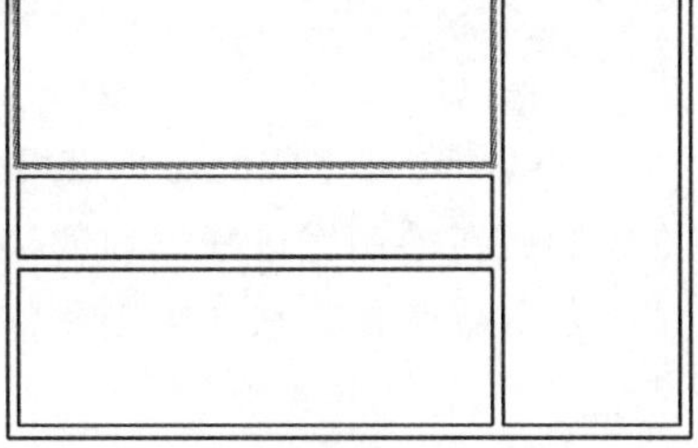

图 3-67

在激活"修改 | 修改 放置天花板"上下文选项卡的同时，会激活天花板的"属性浏览器"如图 3-68 所示，可以在"属性浏览器"中调节天花板的偏移量。当天花板的形状与房间形状不一致时，可以选择"天花板"面板中的"绘制天花板"，手动绘制天花板。如图 3-69 所示。

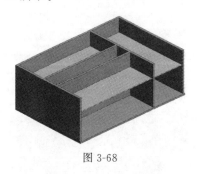

图 3-68

图 3-69

3.2.8　屋顶的绘制与编辑

屋顶是房屋或构筑物外部的顶盖，是建筑的围护构件之一。屋顶的创建与修改方法与楼板类似，在 Revit 中屋顶的创建类型有"迹线屋顶""拉伸屋顶"和"面屋顶"。

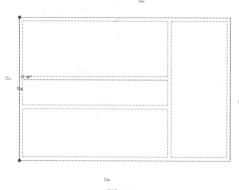

图 3-70

"迹线屋顶"在创建时使用建筑迹线定义其边界，单击"建筑"选项卡下"构建"面板中的"天花板"命令，在下拉菜单里选择"迹线屋顶"，激活"修改 | 创建屋顶迹线"上下文选项卡。选择合适的边界线类型进行绘制，这里选择"拾取墙"，单击墙体，绘制迹线屋顶边界线，如图 3-70 所示，可以看到屋顶边界线上有坡度符号，默认的屋顶是坡屋顶，可以在选项栏中将"定义坡度"取消勾选，这样创建的屋顶就是平屋顶。还可以定义屋顶的悬挑宽度，如图 3-71 所示。完成后单击"模式"面板中的"完成"按钮完成迹线屋顶的绘制，如图 3-72 所示。

图 3-71

当 Revit 自动生成的屋顶坡度无法满足设计需要时，可以利用"坡度箭头"进行坡度的绘制。在绘制完迹线屋顶的边界线后，单击"坡度箭头"，在"属性浏览器"中打开"新建〈草图〉"，从"限制条件"选择坡度，设置坡度为"9"，然后在指定位置绘制坡度箭头，如图 3-73 所示。

单击"模式"面板中"完成"按钮，完成屋顶的绘制如图 3-74 所示。

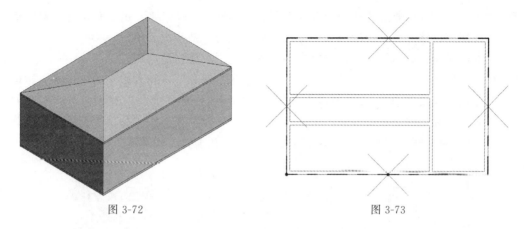

图 3-72   图 3-73

"拉伸屋顶"是通过绘制拉伸轮廓来创建屋顶。单击"建筑"选项卡下"构建"面板中的"天花板"命令，在下拉菜单里选择"拉伸屋顶"，激活"工作平面"对话框，如图 3-75 所示。

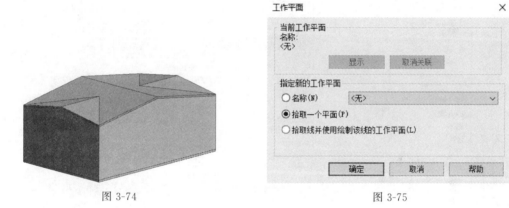

图 3-74   图 3-75

单击"确定"按钮，选择一个工作平面，确定标高与偏移量，然后单击"确定"按钮如图 3-76 所示，在绘图区绘制拉伸轮廓，绘制完成后单击"模式"面板中的"完成"按钮完成拉伸轮廓的绘制，如图 3-77 所示。

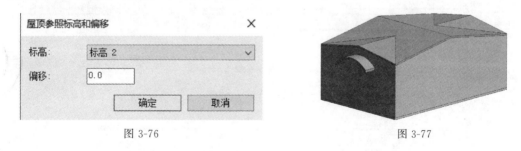

图 3-76   图 3-77

3.2.9 楼梯的创建与修改

在 Revit 中，关于楼梯的创建，Revit 提供了"按构件"和"按草图"两种绘制楼梯的方式。用户可以通过这两个命令来绘制直跑楼梯、带休息平台的转角楼梯、双跑楼梯和螺旋楼梯，并可以在绘制模式中修改楼梯的边线、踏步以及梯段。

在进行建筑模型的绘制时，一般在平面视图中进行楼梯的绘制。

单击"建筑"选项卡下"楼梯坡道"面板中的"楼梯"下拉列表中的"楼梯（按构件）"按钮，激活"修改|创建楼梯"上下文选项卡。左侧"属性"栏中可以对楼梯的相关限制条件和尺寸进行修改和编辑；也可以单击"属性栏"中"编辑类型"按钮打开"类型属性"对话框，在其中对楼梯的构造进行修改和编辑。如图 3-78 所示。

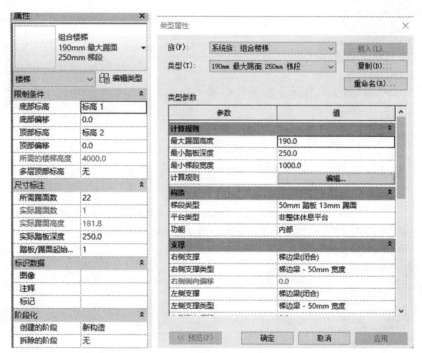

图 3-78

修改完成后移动鼠标光标至绘图区域，单击鼠标左键，即可定义楼梯起点。移动光标，可以看到将要创建的梯段的预览。如图 3-79 所示。

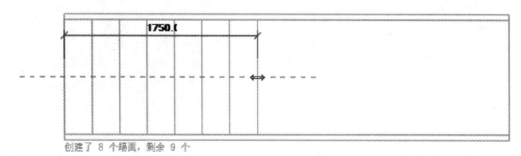

图 3-79

根据需要，移动光标至梯段终点，再次点击即可完成直跑楼梯的绘制。如果想生成转角楼梯或双跑楼梯，则需要提前规划好两个梯段的起终点，点选起终点后在矩形内生成第一个梯段，再次点击第二个梯段的起终点，即可生成转角楼梯或双跑楼梯，Revit

会自动生成楼梯平台和楼梯扶手。如图 3-80 所示。

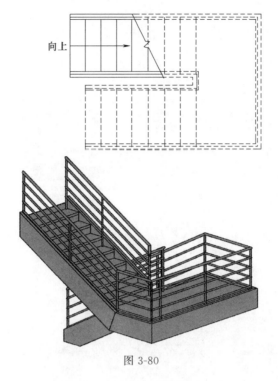

图 3-80

完成楼梯的创建后，用户可以对楼梯的栏杆扶手进行修改。单击选中刚才所创建的楼梯的栏杆扶手，激活"修改|栏杆扶手"上下文选项卡，可以在左侧"类型选择器"中选择栏杆扶手的类型，也可以在"类型属性"对话框中对扶手的结构进行编辑。如图 3-81 所示。

图 3-81

用户也可以单击"扶栏结构（非连续）"的"编辑"按钮激活"编辑扶手（非连续）"对话框，单击"栏杆位置"的"编辑"按钮激活"编辑栏杆位置"对话框来对栏杆扶手进行更细致的设计和绘制。如图3-82所示。

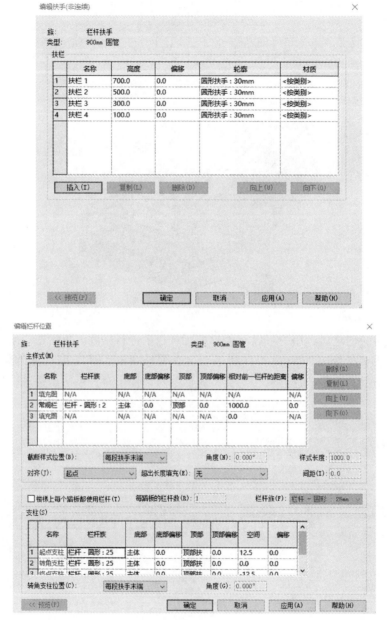

图 3-82

3.2.10 室外台阶的创建与修改

在进行建筑设计时，通常会碰到需要为建筑模型添加室外台阶即入口踏步的情况，在 Revit 中是没有入口踏步的构件的，所以，需要单独来创建。入口踏步的创建有三种方法：①使用楼梯代替，创建完成后删除楼梯扶手；②使用创建族的方法来创建踏步；③通过创建多个标高不同、大小相同的楼板叠加起来代替。这里以选择创建族的方法来创建入口踏步构件。

首先单击软件左上角"文件"选项，打开下拉菜单，选择"新建"→"族"，打开"新族-选择样板文件"对话框，如图 3-83 所示。

图 3-83

在选择栏中找到"公制轮廓.rft"并单击打开，进入创建新族"族 1"界面中。利用"详图"面板中的"线"命令，在绘图区绘制梯面深度 300mm，梯面高度 150mm 的台阶轮廓，如图 3-84 所示。

单击"族编辑器"面板中的"载入到项目"即可载入到正在创建的项目中。回到绘图区域，由于这里需要用到的是"楼板边缘"，楼板边缘是需要依附在楼板上才可以存在的，所以，在创建入口踏步之前，需要先绘制一块楼板，根据前文介绍的创建楼板的方法，先创建一个合适台面大小的楼板。如图 3-85 所示。

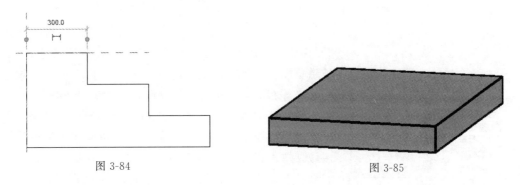

图 3-84   图 3-85

创建完成后，单击"建筑"选项卡下"楼板"下拉列表中的"楼板：楼板边"按钮，激活"修改|放置楼板边缘"选项卡。单击"属性栏"中"编辑类型"按钮打开"类型属性"对话框，单击复制新建名为"主入口踏步"的楼板边缘新族类型，并修改"构造"下的"轮廓"为刚刚所创建载入的族，单击"确定"即可，如图 3-86 所示。然后分别单击入口处开始所创建的"楼板"的上部边缘线即可创建入口踏步。采用这种方式创建的踏步可以自适应楼板边角处，自动做踏步封边处理，所以，这种方法在实际操

作中应用较广。如图 3-87 所示。

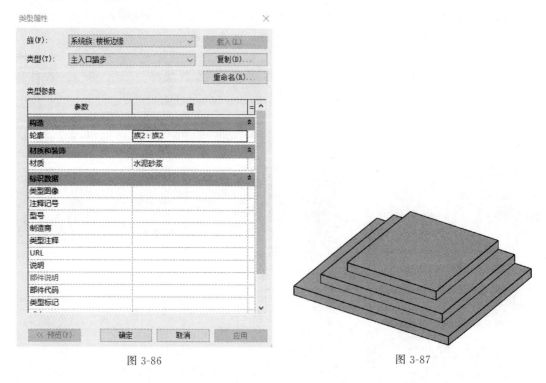

图 3-86

图 3-87

3.2.11　坡道的创建与修改

在进行建筑设计时，通常会碰到坡道的设计，一般在进行建筑无障碍设计时用到较多，坡道的绘制同楼梯的绘制方式基本相同。坡道的绘制可以在平面视图和三维视图中进行，一般在平面视图中进行。

图 3-88

首先进入楼层平面视图，单击"建筑"选项卡下"楼梯坡道"面板中的"坡道"命令，激活"修改|创建坡道草图"上下文选项卡。在"属性"栏中可以对坡道的标高等相关限制条件进行修改，如图 3-88 所示。

完成楼梯坡道的属性修改后，单击选择"绘制"面板中"梯段"中的"直线"命令，移动鼠标光标至绘图区域，单击鼠标左键定义坡道的起点，移动光标，可以看到将要创建的坡道的预览。如图 3-89 所示。

根据需要，移动光标至梯段终点，再次点击即可完成坡道的绘制。如果想生成多段坡道，则需要提前规划好两段坡道的起终点，点选起终点后在矩形内生成第一段坡道，再次点击第二段坡道的起终点，即可生成多段坡道草图，单击"模式"面板中"完成编辑模式"即可完成多段坡道的绘制。Revit 会自动生成坡道平台和坡道

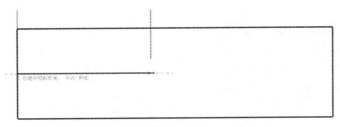

图 3-89

扶手，如图 3-90 所示。

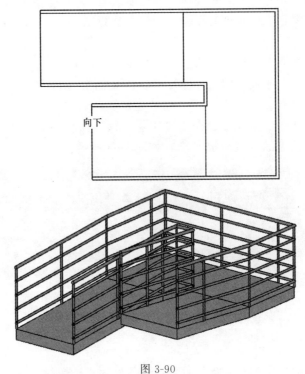

向下

图 3-90

完成坡道的创建后，如果不需要坡道扶手，可以直接选中扶手，删除即可。

选择刚才所创建的坡道，在左侧"属性"栏中单击"编辑类型"打开"类型属性"对话框，修改"构造"选项下的"造型"为"实体"，即可改变坡道的构造，如图 3-91 所示。

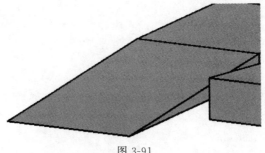

图 3-91

3.2.12 地形的创建与应用

在进行建筑模型的绘制时，通常需要创建三维地形模型，在 Revit 中可以绘制地形表面、建筑红线、建筑地坪以及停车场和场地构件等。

地形表面是建筑场地地形或地块地形的图形表示。默认情况下，楼层平面视图不显示地形表面，用户可以在三维视图或在专用的"场地"平面视图中绘制。Revit 提供了两种方式创建地形表面："放置点"和"通过导入创建"。使用"放置点"可以手动添加地形高程点，并对其指定高程，创建简单的地形模型；"通过导入创建"的方式则需要有 CAD 格式的地形文件或土木工程软件的测量数据文本来自动生成真实的场地地形表面。

下面介绍"放置点"的创建方式。

首先进入"场地"平面视图，在进行地形表面绘制之前，首先需要进行参照平面的绘制。单击"体量和场地"选项卡下"场地建模"面板中的"地形表面"按钮，激活"修改|编辑表面"上下文选项卡。单击"工作平面"面板中的"参照平面"按钮，即可激活"放置 参照平面"上下文选项卡，如图 3-92 所示。

图 3-92

选择"绘制"面板中的"直线"命令，移动鼠标光标至绘图区域，绘制参照平面，如图 3-93 所示。

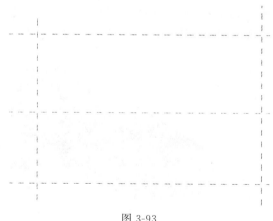

图 3-93

单击"工具"面板中的"放置点"按钮,激活"显示高程"选项栏,如图 3-94 所示。

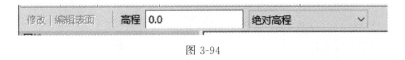

图 3-94

将鼠标光标移动至高程数值"0.0"处双击鼠标左键,可以设置将要放置的高程点的高程,输入新的值之后,默认选择"绝对高程",即可在刚才所绘制的参照平面上进行点的放置。完成每个点的高程指定后,单击"表面"面板下的"完成表面"按钮,即可完成简单的地形表面的创建。如图 3-95 所示。

单击选中刚才所创建的地形表面,激活"修改|地形"上下文选项卡,如果要对地形表面中的某个点的高程进行修改,可以单击"表面"面板中的"编辑表面"按钮,重新进入地形表面的草图绘制模式。

在选中地形表面时,也可以在左侧"属性"栏中进行地形表面的材质的指定,如图 3-96 所示。

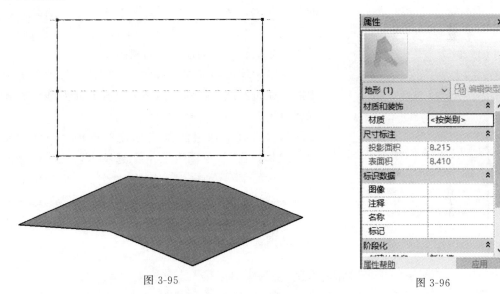

图 3-95

图 3-96

完成地形表面的创建后,需要继续进行建筑地坪的创建,"建筑地坪"工具适用于快速创建水平地面、停车场、水平道路等。建筑地坪可以在"场地"平面视图中进行绘制。

建筑地坪的创建方法与楼板相似,首先进入"场地"平面视图,单击"体量和场地"选项卡下"场地建模"面板中的"建筑地坪"按钮,激活"修改|创建建筑地坪边界"上下文选项卡,用户可以在左侧"属性"栏中对建筑地坪进行相关限制条件的修改,如图 3-97 所示。

单击选择"绘制"面板中的绘制命令,即可根据需要进行建筑地坪边界的绘制,如图 3-98 所示。

如果需要对建筑地坪的结构、厚度以及材质进行定义和修改,可以在左侧"属性"栏中进行材质的指定和修改。如图 3-99 所示。

图 3-97

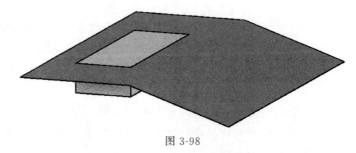

图 3-98

图 3-99

建筑红线作为建筑范围限定和控制标记，需要在建筑用地或规划图上明确标出。建筑红线有一些确切的指标要求，Revit 为用户提供了建筑红线的绘制工具。建筑红线的绘制需要在平面视图中才可以进行，所以首先应转到"场地"平面视图。

单击"体量和场地"选项卡下"修改场地"面板中的"建筑红线"按钮，激活"创建建筑红线"方式选择对话框。如图 3-100 所示。

这里选择"通过绘制来创建"选项，激活"修改|创建建筑红线草图"上下文选项卡，此时，进入建筑红线的草图绘制模式，使用"绘制"面板中的相关命令，结合实际任务的要求，即可进行建筑红线的绘制，绘制方法同建筑地坪草图的绘制方式基本相同。如图 3-101 所示。

图 3-100

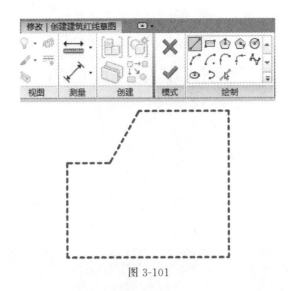

图 3-101

　　子面域是场地地形的细节部分，如道路范围的地形、建筑物位置的地形。用户在创建完地形表面之后，通常需要对地形表面更为细致地划分区域，这时就要用到"子面域"功能了。由于子面域是依附于地形表面存在的，所以子面域的绘制同样需要在平面视图中进行。

　　单击"体量和场地"选项卡下"修改场地"面板中的"子面域"按钮，激活"修改 | 创建子面域边界"上下文选项卡，如图 3-102 所示。

图 3-102

　　单击选择"绘制"面板中的相关绘制命令，即可在地形表面区域绘制"子面域"草图。绘制方式同建筑红线草图绘制方式相同，这里不再赘述。需要注意的是，由于子面域依附于地形表面存在，因此，在绘制子面域时，即使绘制的草图超过了地形表面的区域，地形表面外的区域也是不会显示的。如图 3-103 所示。

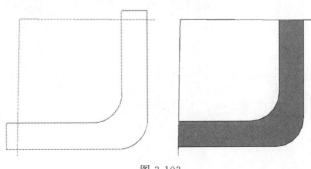

图 3-103

3.3 其他应用技巧

3.3.1 剖面的扩展与应用

在"视图"选项卡中，找到"剖面"，如图 3-104 所示，在一层平面视图中找到要剖切的位置，绘制如图 3-105 所示剖切线。将鼠标移动至"剖面 1"，如图 3-106 所示，

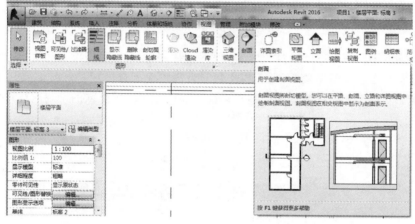

图 3-104

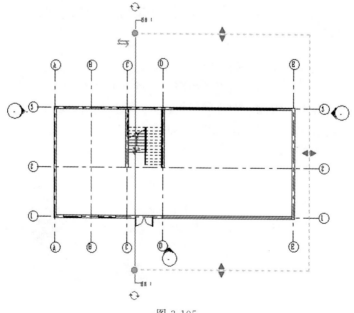

图 3-105

双击鼠标左键，进入到剖面视图，或者在"项目浏览器"中找到"剖面"，展开找到"剖面1"，进入到剖面视图，如图3-107所示。注意，点击平面视图中下方的"剖面1"，不会出现剖面视图。

通过翻转符号可将剖面进行反向剖切，如图3-108所示。点击"线段间隙"，如图3-109所示，可以将剖线变换得到3-110所示的视图。这时，将鼠标移动到"剖面1"处，双击后无法显示剖面视图。

图 3-106

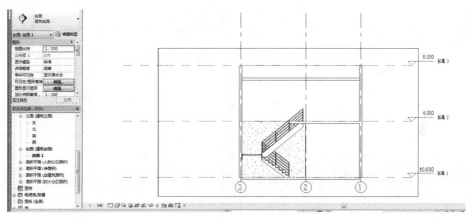

图 3-107

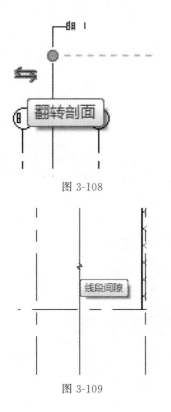

图 3-108

图 3-109

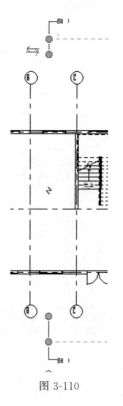

图 3-110

3.3.2 二维详图的设置及应用

常见详图工具有：详图线、详图构件、隔热层、填充区域、遮罩区域、文字、符号、尺寸标注八大类。

（1）详图线　是创建详图的直线、弧线、多边形、圆形、椭圆等二维图形，只在当前绘制视图中显示，不在其他视图中显示，同时不具备关联性。

详图线在"注释"选项卡中，如图 3-111 所示，点击"详图线"，进入详图线上下文选项卡，如图 3-112 所示。通过图线的编辑来绘制详图。

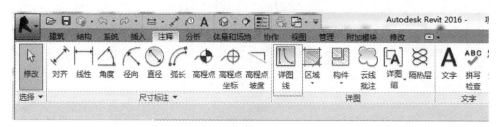

图 3-111

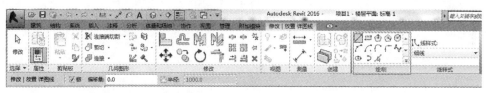

图 3-112

（2）详图构件　可以载入到项目文件中使用，例如载入族，选择"详图项目"，如图 3-113 所示，选择要载入的详图族。回到"注释"选项卡下，点击"详图构件"，将载入的族插入到当前视图中。如图 3-114 所示。该详图构件只在插入的视图中可见，不在其他视图中显示，可以对详图构件添加注释记号。

图 3-113

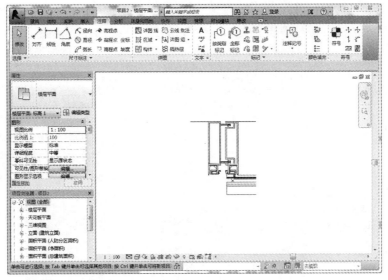

图 3-114

若系统中没有所需要的详图构件族，可通过创建详图构件族进行详图添加，步骤如下：首先新建族，选择"公制详图构件.rft"；然后，使用"创建"选项卡上的工具创建详图构件的形状，详图构件仅仅是二维形式，最后，存盘载入到项目中。

（3）隔热层　用于在详图中放置隔热层，可以通过数据调整其宽度和长度，如图3-115所示。

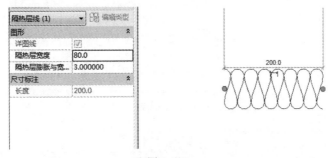

图 3-115

（4）填充区域　用来创建带填充图案和边界的二维详图，步骤如下：选择"注释"选项卡下的"区域"中的"填充区域"，如图3-116所示，进入到"填充区域"的上下

图 3-116

文选项卡中，如图 3-117 所示，绘制要填充的图形，如图 3-118 所示，点击模式中的
"√"，完成区域填充。通过编辑"类型属性"，如图 3-119 所示，点击"确定"完成填
充修改，如图 3-120 所示。

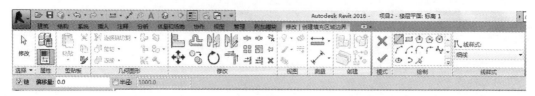

图 3-117

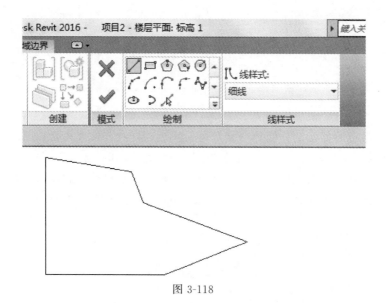

图 3-118

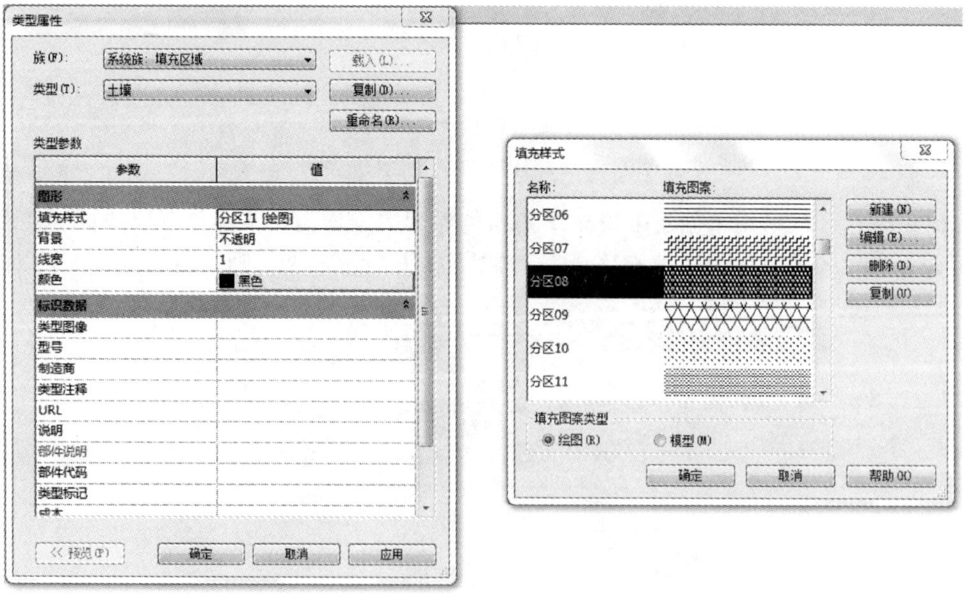

图 3-119

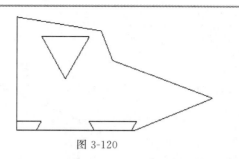

图 3-120

（5）遮罩区域　提供一种在视图中隐藏图元的方法。点击"注释"选项卡下的"区域"中的"遮罩区域"，如图 3-121 所示，进入"遮罩区域"上下文选项卡，绘制要填充的图形，点击"完成"。如图 3-122、图 3-123 所示。

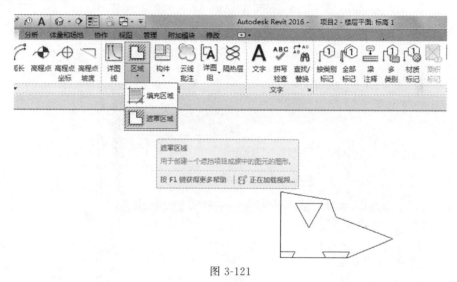

图 3-121

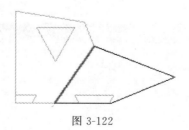

图 3-122

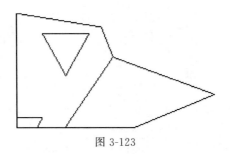

图 3-123

（6）文字　可以插入行或者非换行文字注释，随视图比例的缩放而缩放。图形可以修改其颜色、线宽、背景、显示边框、引线/边界偏移量、引线箭头，文字可以修改其字体、大小、标签尺寸、粗体、斜体、下划线、宽度系数等。如图 3-124 所示。

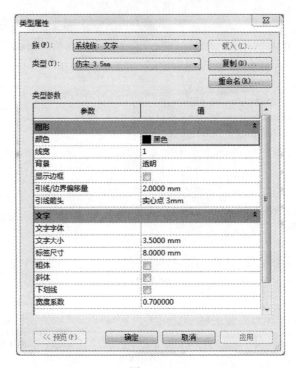

图 3-124

点击"注释"选项卡中的"文字"，进入"文字"上下文选项卡，如图 3-125 所示，在"格式"中，分别为无引线、一段引线、两段引线以及弧线引线，见图 3-126。图 3-127 是引线链接位置，图 3-128 是对齐方式以及字体样式。图 3-129 为四种标注样式。

图 3-125

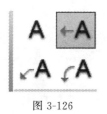

图 3-126

图 3-127

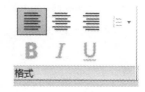

图 3-128

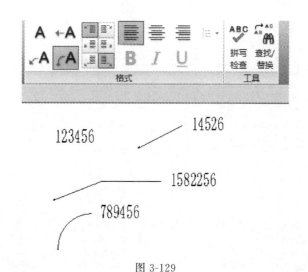

图 3-129

单击图 3-130 所示文字注释，会出现"添加引线"命令，点击如图 3-131 所示位置可以左右添加引线，同时点击"删除最后一条引线"命令可以删除引线。

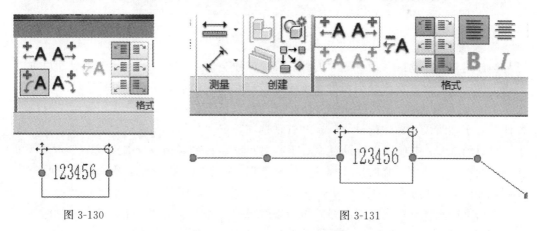

图 3-130

图 3-131

（7）符号　在项目中放置二维注释符号，包括指北针、坡度符号、多层标高、卫生间标高等。单击"注释"选项卡中的符号选项，如图 3-132 所示。在"类型选择器"中选择要添加的符号，如图 3-133 所示，加入"指北针"。也可以通过载入族载入所有要添加的符号族。点击"载入族"，选择"注释"中"符号"，其中包括"建筑""电气""结构"，选择"建筑"，载入想要加入的族。如图 3-134 所示。

（8）尺寸标注　不仅能快速标注门窗洞口，而且开间、进深、角度、弧度、半径等

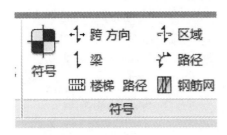

图 3-132

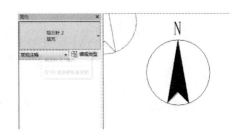

图 3-133

图 3-134

可与构件间双向互动，移动或删除构件后尺寸标注会自动更新。反之，编辑尺寸也可以精确定位构件。尺寸标注分为两种类型：临时尺寸标注和永久尺寸标注。

① 临时尺寸标注，可以精确定位构件位置，也可以变为永久尺寸，从而实现快速标注。对于临时尺寸标注的设置，在"管理选项"卡"其他设置"当中，如图 3-135 所示。可对图 3-136 中项目进行设置。对于临时尺寸字体的设置在"应用程序"菜单中，找到"图形"选项中"临时尺寸标注文字外观"，可设置文字的大小及背景的透明与不透明，如图 3-137 所示。

点击临时尺寸标注下方的符号，可将临时尺寸变为永久尺寸标注，见图 3-138。

② 永久尺寸标注，Revit 中提供了如图 3-139 所示的几个专用的尺寸标注命令。

a．"对齐"尺寸标注，主要用于快速创建标注，有两种创建方式：拾取单个参照点和拾取整个墙。

ⅰ．拾取单个参照点是逐一捕捉个点进行标注，如图 3-140 所示。注意设置墙的捕捉首选项，可以通过"Tab"键对捕捉方式进行切换。

ⅱ．拾取整个墙，是一种比较快捷的标注方式。首先绘制一道墙穿过所有轴线，再标注整个墙，最后删除这条辅助的墙。三道尺寸线中，中间一道为轴网尺寸，具体做法

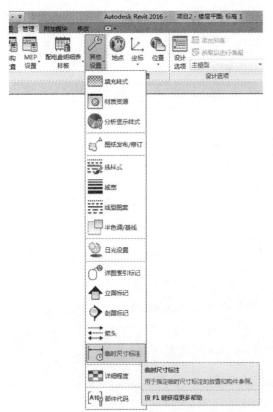

图 3-135

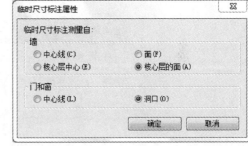

图 3-136

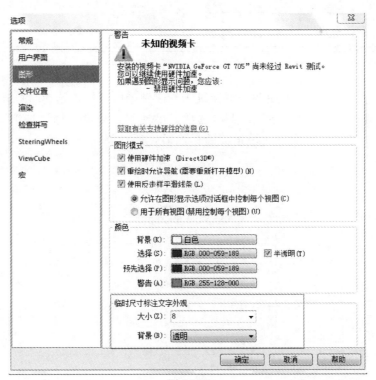

图 3-137

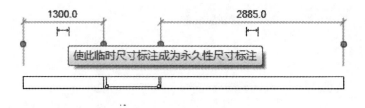

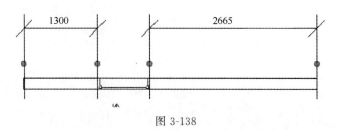

图 3-138

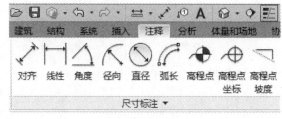

图 3-139

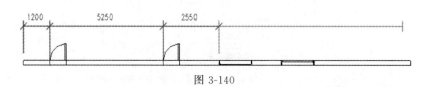

图 3-140

如图 3-141～图 3-145 所示：绘制一道穿过①～⑦轴线的墙体，选择"对齐"标注，在选项栏中选择"拾取：整个墙"，点击选项，出现"自动尺寸标注选项"，点击选择"相交轴网"，进行整个墙与轴线相交的标注后，激活墙，最后删除墙，便得到轴网的标注。

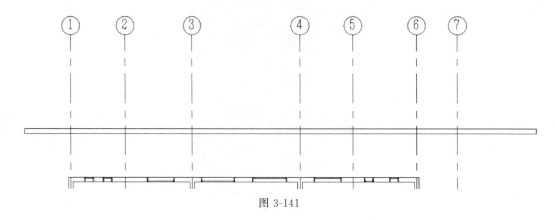

图 3-141

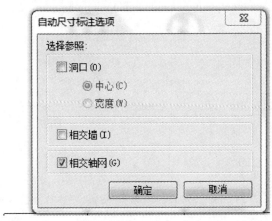

图 3-142

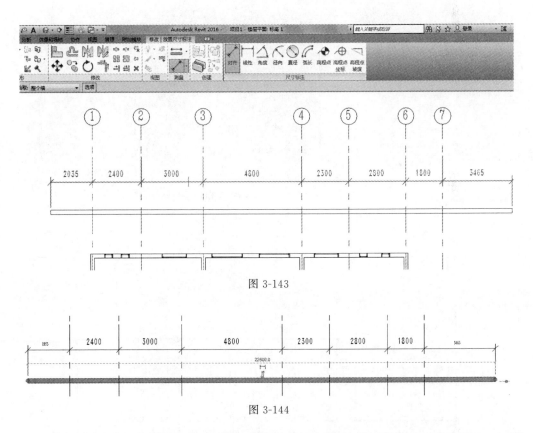

图 3-143

图 3-144

也可以通过对整个墙进行快速标注完成门窗洞口的标注。如图 3-146～图 3-149 所示，在选项中，选择"洞口"和"相交轴网"，点击要标注的墙，得到门窗洞口到轴线的详细标注，最后点击未标注的⑥、⑦轴线墙体，进行标注，完成最里面一道尺寸线的快速标注。

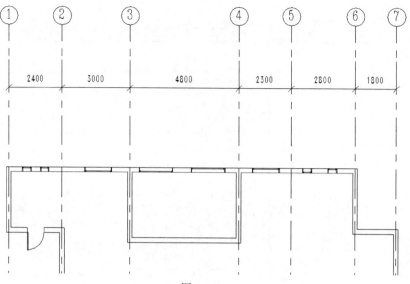

图 3-145

图 3-146

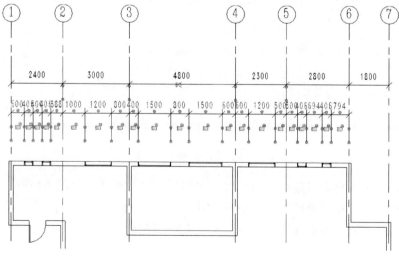

图 3-147

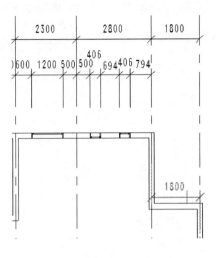

图 3-148

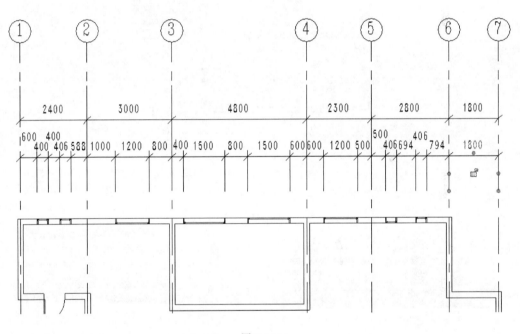

图 3-149

　　b. "线性"尺寸标注，是放在选定点之间的标注，尺寸标注与视图的水平轴和垂直轴对齐。选定的点是图元的端点或是交点。如图 3-150 所示，弧墙的两个端点之间的标注可以用该命令完成，用"对齐"是无法标注的。

　　c. "角度"尺寸标注，可以将角度标注放置在共享同一公共交点的多个参照点上，不能通过拖曳尺寸弧度来显示一个整圆。如图 3-151 所示。

　　d. "径向"尺寸标注，是通过拾取弧面墙、弧墙的中心线、弧线进行半径的尺寸标注，如图 3-152 所示。"直径"尺寸标注与半径相似，如图 3-153 所示。

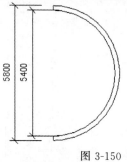

图 3-150

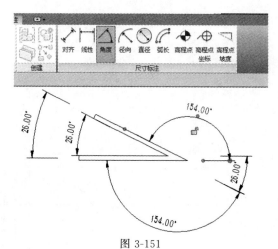

图 3-151

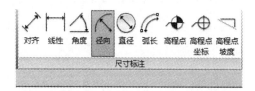

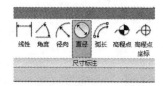

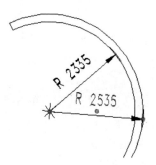

图 3-152

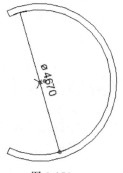

图 3-153

e. "弧长"尺寸标注，是标注弧墙的整个长度。要注意的是标注时要遵循三点生成弧长原则：首先单击弧线，然后单击弧线的起点，最后单击弧线的终点，即可生成弧长标注。如图3-154所示。

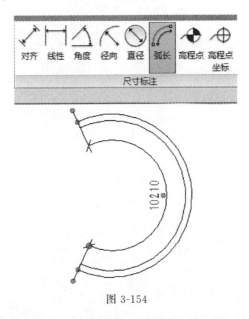

图 3-154

f. "高程点"尺寸标注，可以采用高程点、高程点坐标或高程点坡度的形式放置。高程点可以显示选定点的高程或图元的顶部和底部高程，适用于平面视图中的表达；高程点坐标会显示选定点的南北或东西坐标，还可显示选定点的高程；高程点坡度可以显示图元的面或边上的特定点的坡度。

高程点在平面图中用于标注室内楼板标高，室外地坪高度等，范围有引线和无引线。绘制带引线时，单击第一点和第二点引线的距离，第三点是放置水平段的位置。如图3-155是楼板上的高程标注。若将"水平段"去掉，如图3-156所示，高程标注将与

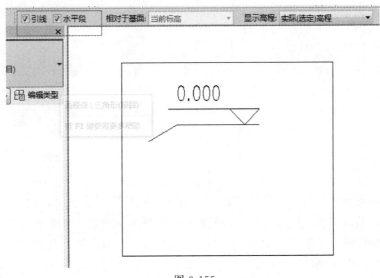

图 3-155

鼠标的滑动方向一致。若将"引线"去掉，如图 3-157 所示。

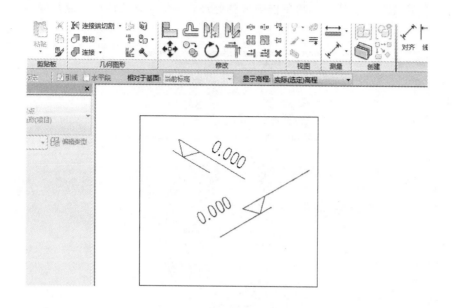

图 3-156

g. "高程点坐标"尺寸标注，会显示高程点相对的方向坐标，如图 3-158 所示。

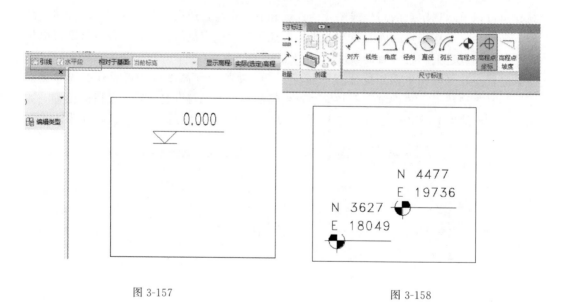

图 3-157

图 3-158

h. "高程点坡度"尺寸标注。当楼板、地坪或屋顶出现坡度时，进行的坡度标注。当无坡度时，显示"无坡度"。当存在坡度时会出现箭头及坡度比值。如图 3-159 所示为一段倾斜的楼板，坡度为 1/100。也可以通过编辑"类型属性"将其坡度值改为"百分比"，如图 3-160 所示。

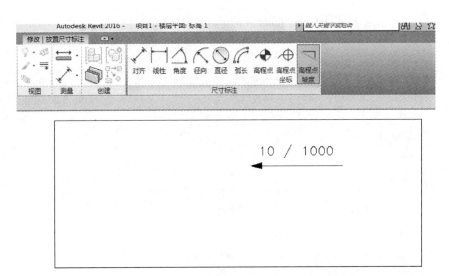

图 3-159

图 3-160

3.3.3 房间、面积、颜色方案的创建方法

在"建筑"选项卡下,选择"房间与面积"面板上的"房间"选项卡,在已有房间的基础上,系统会默认房间,同时可在"类型选择器"中选择带面积的房间,对房间及

面积进行标注，如图 3-161 所示。同时激活"房间"二字，可以进行修改房间名称，如图 3-162 所示。

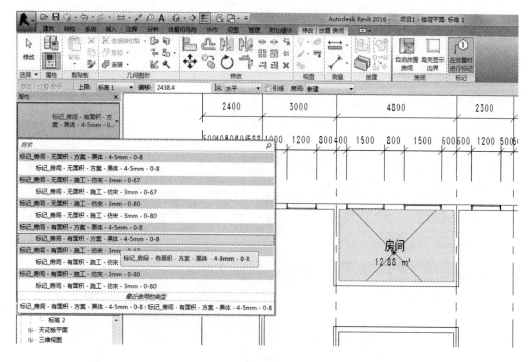

图 3-161

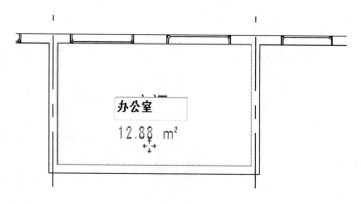

图 3-162

如图 3-163 所示，若不将房间进行分隔，其余空间为一个空间。点击房间分隔可划分空间，将没有墙体界限的空间分隔为若干个空间，如图 3-164 所示。点击"房间和面积"下拉菜单，出现"颜色方案"，如图 3-165 所示，单击，出现"编辑颜色方案"，将"类别"改为"房间"，"标题"命名为"房间图例"，"颜色"改为"名称"，点击"应用"，并"确定"，如图 3-166 所示。在"属性"面板下找到"颜色方案"，按图 3-167 完成。点击"确定"，出现如图 3-168 所示颜色配置及房间面积图示。

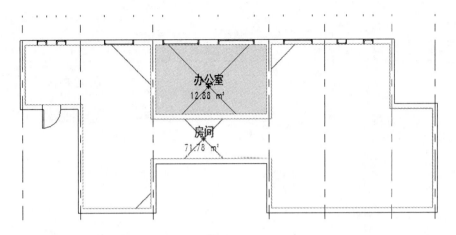

图 3-163

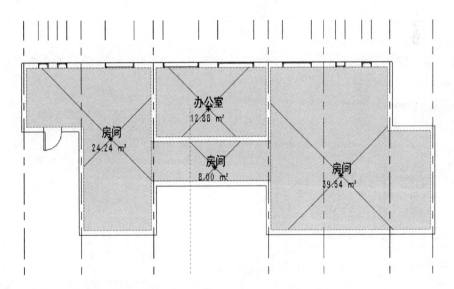

图 3-164

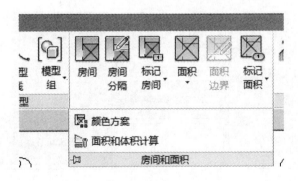

图 3-165

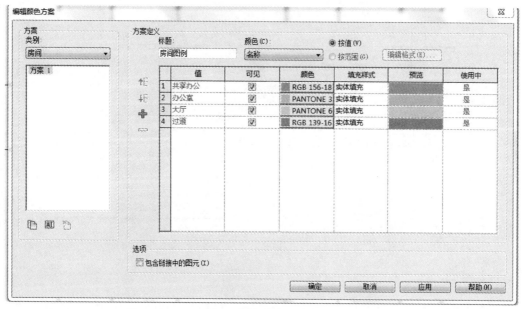

图 3-166

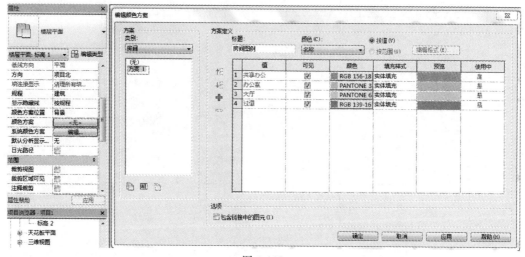

图 3-167

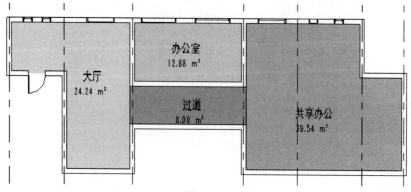

图 3-168

单击"注释"选项卡下的"颜色填充图例"，出现如图 3-169 所示图示。激活如图 3-170、图 3-171 所示颜色方案，可以进行拖曳改变其方向。

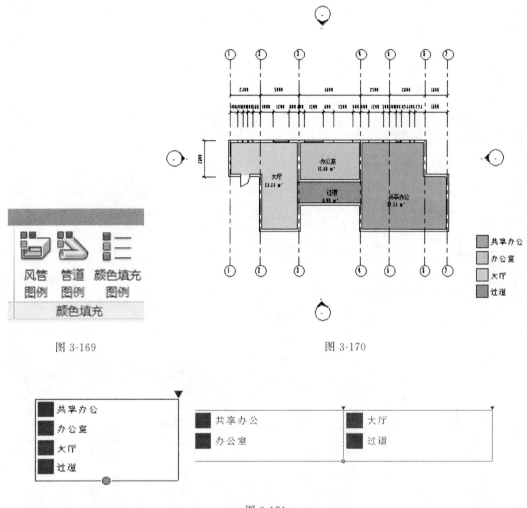

图 3-169　　　　　　　　　　　　　　　　　图 3-170

图 3-171

3.3.4　渲染图像的设置及工具使用

Revit 中提供了智能渲染功能，可以很容易地生成较为高质量的渲染图像，而不需要对渲染技术过多的深究。而针对有较高要求的渲染要求，可以由 Revit 导出到 3ds Max、SU 等渲染功能较强的软件中进行渲染。

如图 3-172 所示，在"视图"选项卡中选择"渲染"（或在视图左下方打开显示"渲染"对话框），会出现"渲染"对话框。点击"区域"会在屏幕出现方框，如图 3-173 所示，若选择"区域"则默认为摄像机所截取的图像，这时点击"渲染"，则仅仅渲染方框区域内图像。

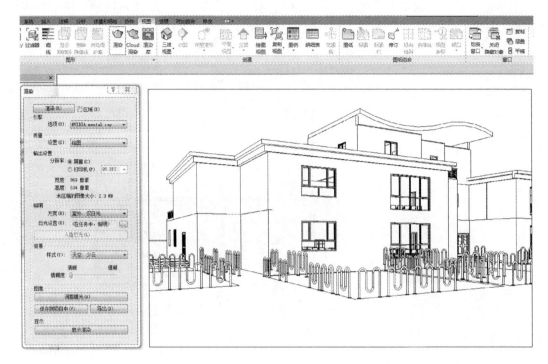

图 3-172

图 3-173

　　"质量"可以为渲染图像指定所需要的质量，分为绘图、低、高、最佳、自定义，或通过编辑进入修改状态。在编辑状态中可以对渲染质量进行设置，包括图 3-174 所示设置，包含"常规选项""反射和透明度选项""阴影选项""间接照度选项""采光口选项"等。

　　"输出设置"可选择按屏幕大小，也可按打印机来设置，打印机设置为"150DPI"意味着按每英寸 150 个点来渲染，数值越大，效果越好，渲染时间越长。而"照明"设置，主要是选择日光方案，单击"日光设置"中的"选择太阳位置"，可以设置太阳角度及相应数值，如图 3-175 所示。

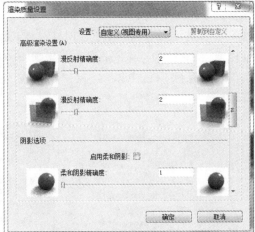

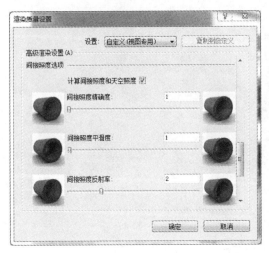
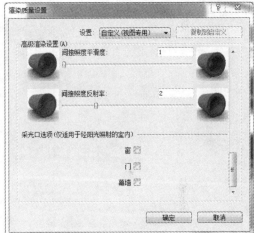

图 3-174

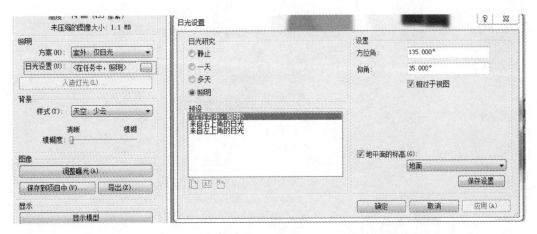

图 3-175

点击"人造灯光"会出现图 3-176 所示界面，可以对人造灯光进行设置。"背景"中可以选择"有云""无云""多云""少云""颜色"等。"图像"中"调整曝光"可以调整图 3-177 所示数值。最后点击"渲染"，即可得到渲染出的效果图。点击"导出"，可将效果图导出 JPJ、TIFF、BMP、PNG 等格式。若使用"alpha 通道"保持透明度，可以使用 PNG 和 TIFF 格式，若导出 PNG 并在 PS 中打开，可能不会出现背景天空。点击"保存到项目中"，会在"项目浏览器"中出现相应的渲染视图，如图 3-178 所示。

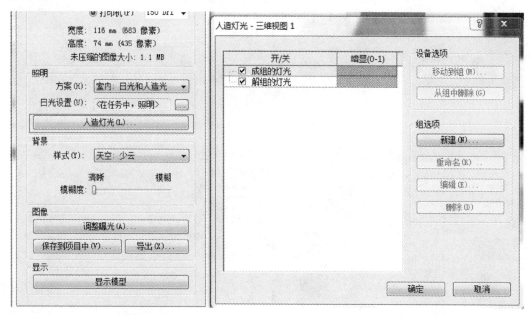

图 3-176

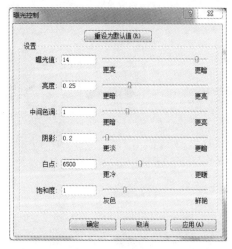

图 3-177

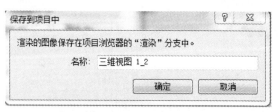

图 3-178

渲染的视图属性，在项目中保存渲染视图时会存储图像的属性。要修改它的属性，可以在"视图（全部）"中"渲染"下，单击图像名称。

3.3.5　漫游的创建与导出

漫游是指沿设定的路径移动相机，创建建筑室内外漫游，动态展示设计的整体和细节。最后可以导出 AVI 文件或图像文件。漫游的路径是由帧和关键帧组成的。关键帧是可以修改相机方向位置的可修改帧。

在平面视图中创建漫游路径，如图 3-179 所示，默认勾选"透视图"，取消勾选则创建正交视图的漫游。"自"指定楼层标高，通过设定偏移量为相机设置相对于楼层标高的高度。在创建漫游时，创建过程中不可以修改关键帧的位置，必须等整个路径创建完成后，才可进行逐个修改。创建完毕后，点击"完成漫游"完成路径的创建。

| 修改 \| 漫游 | ☑ 透视图 | 比例：1：100 | ▼ | 偏移量：1750.0 | 自 标高 1 | ▼ |

图 3-179

在设置路径过程中，通过给不同关键帧设置不同相机高度可以创建上下楼梯的漫游。

在"视图"选项卡下选择"三维视图"下拉菜单中的"漫游"（图 3-180），绘制完路径，点击"完成漫游"，如图 3-181 所示，然后点击"编辑漫游"（图 3-182），拖动相机，可对相机角度进行调整。拖动图 3-183 中矩形框中的圆圈，即可改变相机方向。在拖动过程中若相机为移动的关键帧点，会出现图 3-184 所示的图框，选择"否"后继续修改，直至完成所有相机方向的修改。

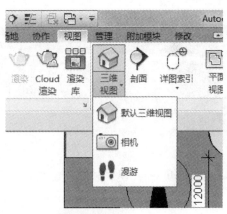

图 3-180

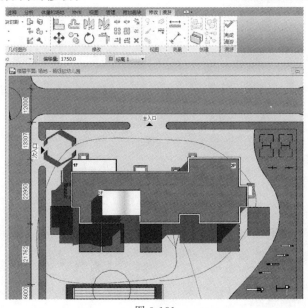

图 3-181

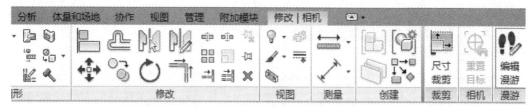

图 3-182

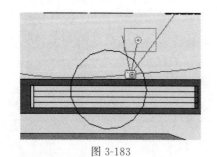

图 3-183

图 3-184

图 3-185

点击"打开漫游"（图 3-185），即出现了漫游视图，如图 3-186 所示。点击"播放"，即可得到漫游视频（图 3-187）。点击漫游的"属性"栏中最下方的"漫游帧"，如图 3-188 所示，即可得到图 3-189 所示漫游帧编辑对话框。可以调整总帧数，每帧的时间，以及针对某一帧，是否有加速。

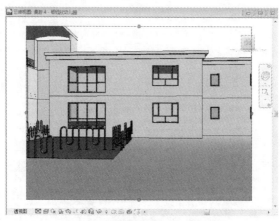

图 3-186

图 3-187

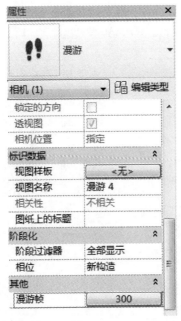

图 3-188

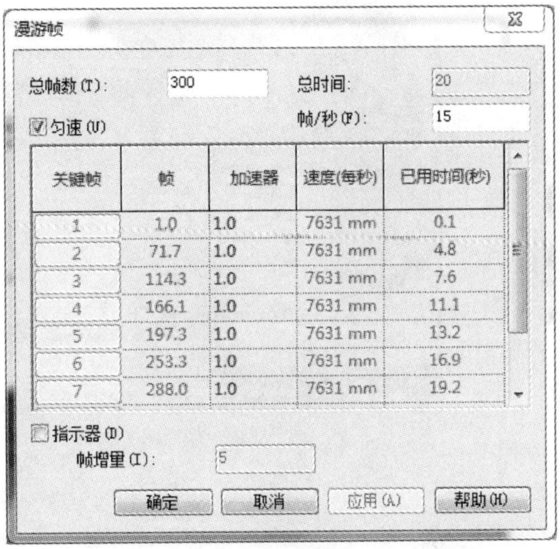

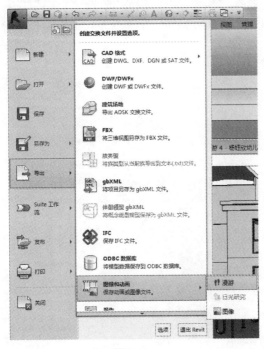

图 3-189

如图 3-190 所示，选择应用程序菜单中的"导出"→"图像和动画"→"漫游"，出现图 3-191 所示导出的长度及格式。可以将所有帧导出文件中，也可以导出部分帧。同时还可对视觉样式进行修改，完成后点击"确定"，会出现导出漫游的目标文件夹，可导出图 3-192 所示的格式。选择"保存"，后出现图 3-193 所示视图，选择"确定"，需要一定时间进行渲染，完成导出，即可在选定目标文件夹中，找到该导出的 AVI 格式的漫游视屏。

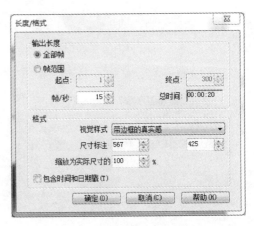

图 3-190

图 3-191

图 3-192

3.3.6　图纸、标题栏、明细表

标题栏是图纸的一个样板，标题栏定义了图纸的大小和外观。标题栏通常包括含页面的边界和有关设计公司的信息，如其名称、地址和徽标。标题栏还显示有关项目、客户和各个图纸的信息，包括发布日期和修订信息。标题栏可以另存为".rfa"格式的单独文件。

自定义标题栏的绘制。首先进行新建，选择"标题栏"，选择"公制 A1.rft"，进入"族编辑器"后对标题栏进行绘制，如图 3-194 和图 3-195 所示。进入到组编辑中，根据不同设计单位格式的不同要求进行绘制。

图 3-193

图 3-194

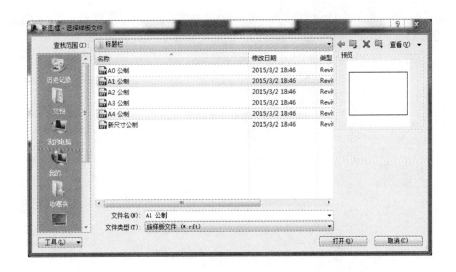

图 3-195

图纸布置。首先准备视图，平面视图在布置到图纸空间中时，默认视口边界为"以立面符号位置为边界"，打印之前，需要隐藏立面符号。立面、剖面、详图需要隐藏裁剪边界。三维视图要设置为"隐藏线"或是"着色"等显示模式。

布置视图。打开某一要布图的项目，在"视图"选项卡中的"图纸组合"中，点击"图纸"，出现如图 3-196 所示界面，选择对应图纸大小，点击"确定"，出现图纸视图，如图 3-197 所示。

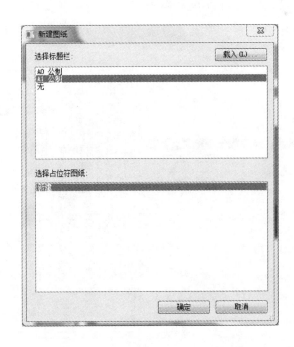

图 3-196

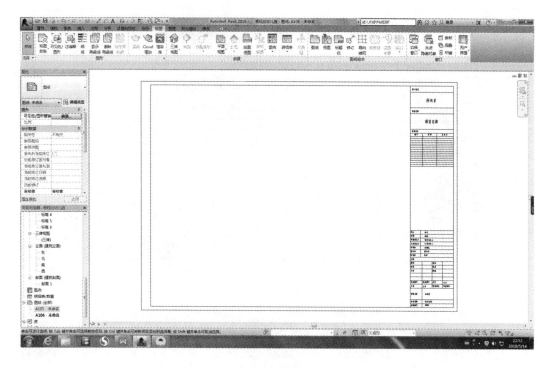

图 3-197

点击"放置视图",如图 3-198 所示,出现"视图"选项卡,如图 3-199 所示。选择要插入的视图,点击后选择"在图纸中添加视图(A)"即可布置到视图中,如图 3-200 所示。也可以从"视图列表"中选择要插入的视图,鼠标按住不动,拖曳到视图相应位置,放开鼠标。新插入的图纸下方会自动创建一个视图标题。

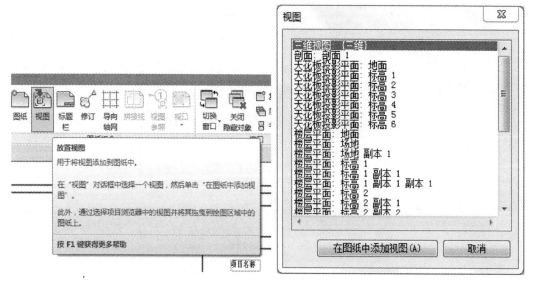

图 3-198   图 3-199

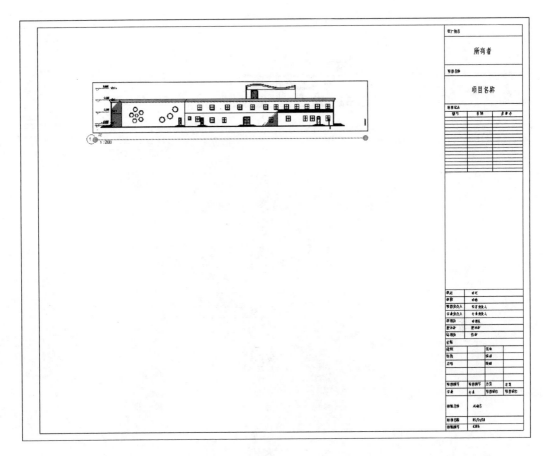

图 3-200

视口。在图纸中添加视图时，在图纸上会显示视口以代表该视图，视口与窗口类似，通过该视口可以看到实际的视图。若有需要，可以激活视图并在图纸中修改图面及模型内容。视口适用于项目图形、楼层平面、立面、剖面和三维视图，不适用于明细表。视口分为有线条的标题、没有线条的标题和无标题，如图 3-201 所示。

单击蓝色视口标题，可以移动标题位置。激活视口标题，在"属性"对话框中的"编辑类型"中，可以修改是否显示延伸线、标题样式等，如图 3-202 和图 3-203 所示。标题样式可以通过载入族选择：在"插入"选项中"载入族"，选择"注释"中的"符号"，即可选择"建筑"中的不同类型的标题形式，如图 3-204 所示。若想修改延伸线的长短，可以激活插入视图的边框，如图 3-205 箭头所指边框，下面的视口符号将会穿线两个灰色圆点，电脑显示为蓝色，通过拖曳灰色圆点，可以变换延伸线的长度。若要修改视图文字，可激活视图进行修改，或在"项目浏览器"中找到相应视图重命名。

图 3-201

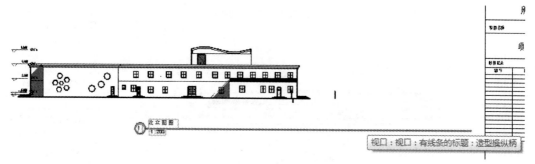

图 3-202

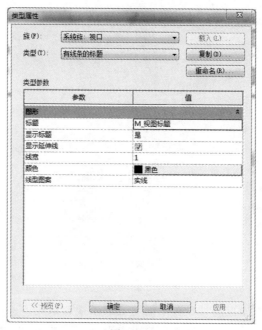

图 3-203

图 3-204

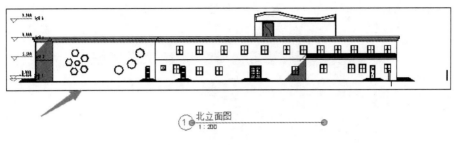

$$\overset{1}{\bigcirc}\ \frac{\text{北立面图}}{1\ :\ 200}$$

图 3-205

3.3.7 出图与打印

当布置完图纸后，可以进行打印出图。如图 3-206～图 3-209 所示，注意在"从角部偏移"中选择"无页边距"，同时选择缩放 100%，这样就可得到比例正确的打印页面。

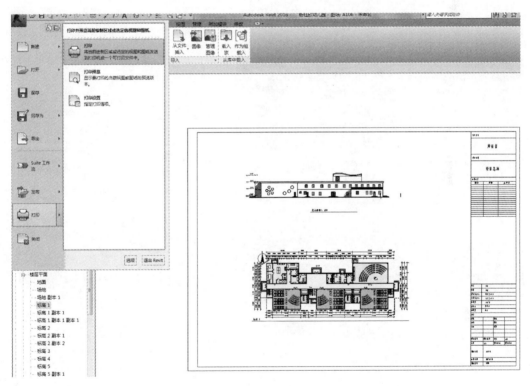

图 3-206

3.3.8 概念体量在建筑设计中的应用

概念体量是在建筑设计方案中，进行建筑体块推敲及概念设计时运用的功能。新建概念体量后，选择"公制体量.rft"，进入概念体量的族编辑视图，如图 3-210 所示编辑界面。

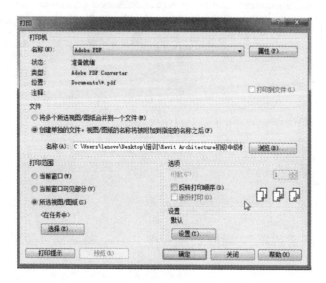

图 3-207

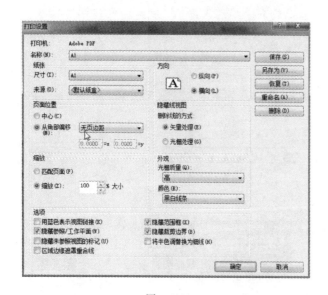

图 3-208

图 3-209

① 概念体量设计环境作为 Autodesk Revit 的三大建模环境之一，大多数设计师接触 Revit 时学习的都是项目建模和常规族建模环境，经常会碰到一些构件在 Revit 常规族里很难建立模型或者根本无法创建，再或者可以建立模型却无法参数化控制的问题，这些问题都可以在概念体量设计中得到解决。概念体量设计的功能非常强大，弥补了一部分常规建模方法的不足。在方案推敲、曲面异形建模、高效参数化设计等方面都有非常好的运用。

② 创建概念体量。单击"新建"→选择"概念体量"命令，如图 3-210 所示。

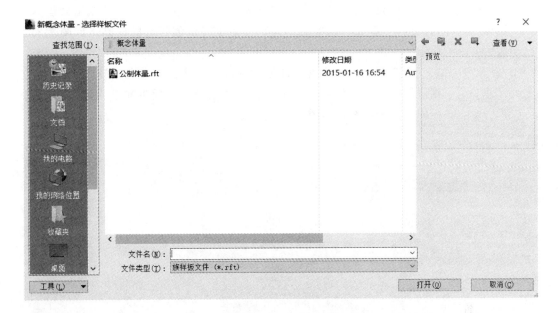

图 3-210

选择"公制体量.rft",点击"打开"进入体量编辑模式,如图 3-211 所示。

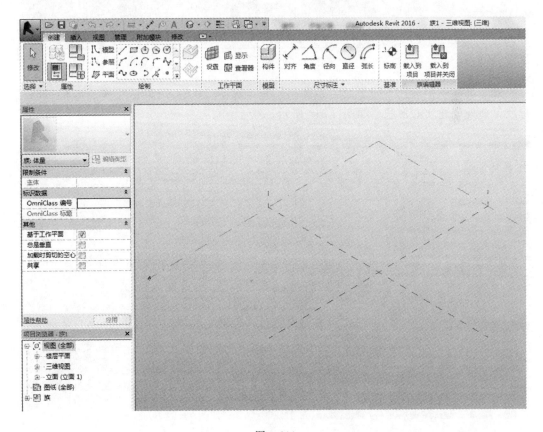

图 3-211

图 3-212

可以看到 Revit 默认的参照标高和默认的参照平面，点击"创建"选项卡，"基准"面板的"标高"命令可以创建新的标高，如图 3-212 所示。

标高命令和在项目文件创建标高的命令是类似的，这里就不再详细讲解。点击"创建"选项卡，在"绘制"面板中的不同标高下绘制不同形状的图案，如图 3-213 所示。

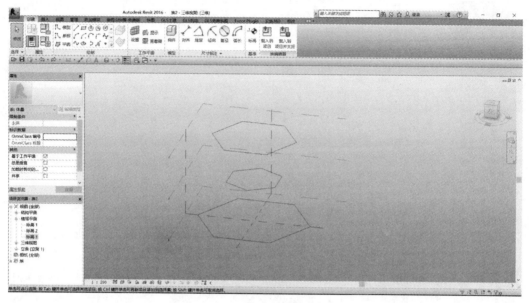

图 3-213

在三维视图中选择不同平面的形状，点击"创建形状"，可以创建实心形状和空心形状，此处创建实心形状，如图 3-214 所示。

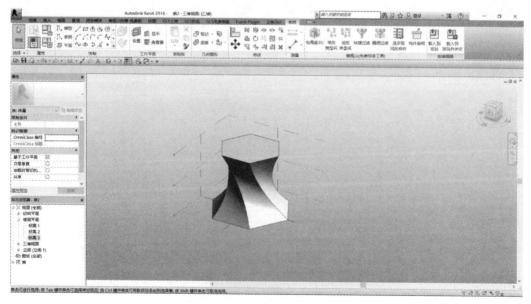

图 3-214

还可以通过"绘制"面板中的点图元在任何一边添加点，同时通过"工作平面查看器"可以提供一个垂直于当前激活工作平面的视图，以方便进行操作，如图 3-215 所示。

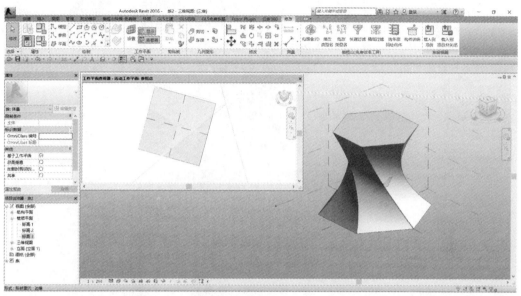

图 3-215

通过"绘制平面"可以在当前平面绘制一个圆形，通过圆形和垂直圆形的线创建一个空心形状，如图 3-216 所示。

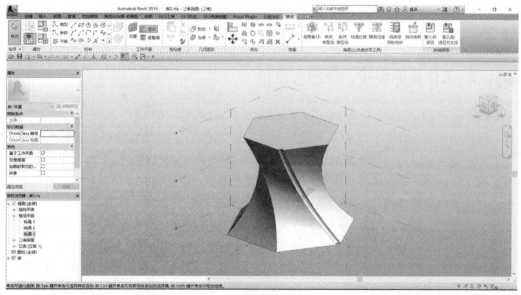

图 3-216

通过点、线、面可以创建出所需要的体量模型，这里需要注意体量是 Revit 中的族文件，当创建完体量，可以把体量载入到项目中，并且通过"体量和场地"选项卡中的"概念体量"命令进行修改。同时通过"面模型"面板中的名命令生成所需要的屋顶、墙体和楼板。如图 3-217 所示。

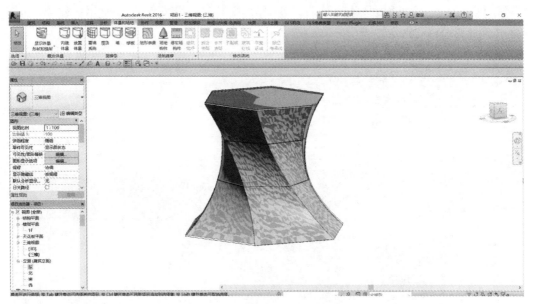

图 3-217

3.4 协同设计应用技巧

3.4.1 工作集的创建、原理与运用

（1）工作集及协同相关的概念

工作集（Workset）：项目中构件的集合。它可以很好地对不同专业或者同一专业的不同功能区域进行划分，同时一个项目文件在启用协同共享时，可以将一个项目文件分成多个工作集，不同的团队成员负责各自的工作集，并且允许多名团队成员对同意项目文件进行协同设计的工作方法。

中心文件（Central File）：工作共享项目的主项目模型。中心模型将存储项目中所有图元的当前所有权信息，并充当发布到该文件的所有修改内容的分发点。所有用户将保存各自的中心模型本地副本，在本地进行工作，然后与中心模型进行同步，以便其他用户可以看到他们的工作成果。

由于工作集可以让多个人员实时进行协同工作，所以需要一个网络共享环境。网络共享主要分互联网共享与局域网共享，如果同在一个局域网中可以把一台计算机的任何硬盘设成共享模式，这样可以方便小组其他成员共享访问中线文件的项目文件。

（2）工作集的创建 单击"协作"选项卡，选择"工作集"命令，如图 3-218 所示。

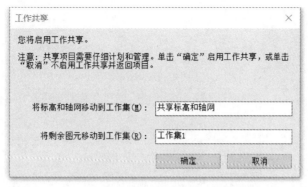

图 3-218

单击"确定"，弹出"工作集"对话框，如图 3-219 所示。

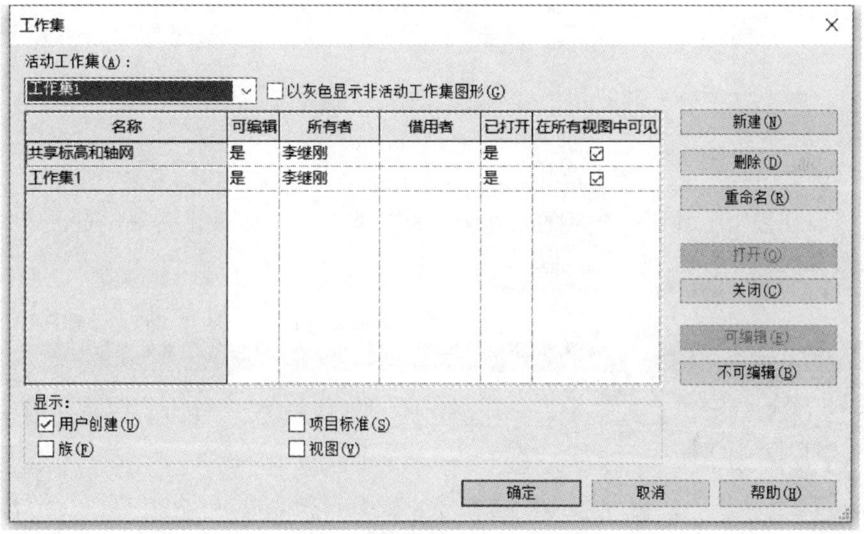

图 3-219

同时用户可以修改工作集的名称，如图 3-220 所示。

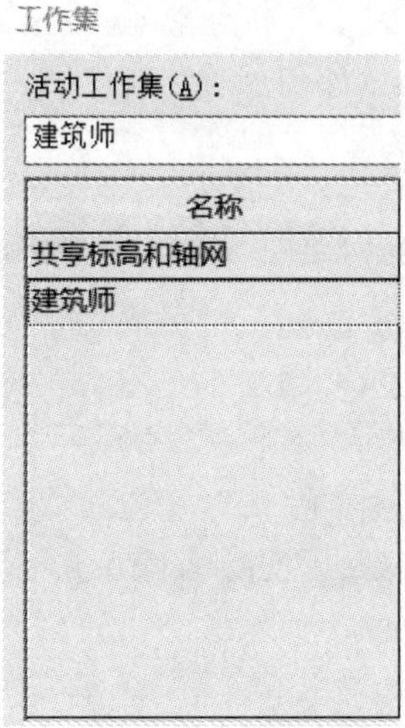

图 3-220

点击"新建",如图 3-221 所示。

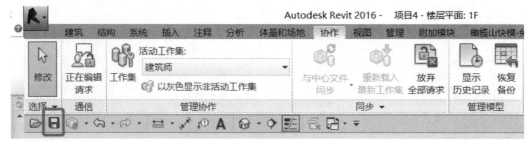

图 3-221

在当前列表当中创建一个新的工作集名称。当首次工作集建立完,点击"保存"按钮,如图 3-222 所示。

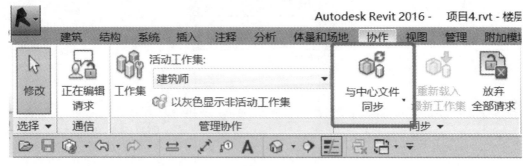

图 3-222

保存完成后,"与中心文件同步"按钮就会从灰显不可操作状态变成可操作状态,同时"保存"按钮变成灰显状态,如图 3-223 所示。

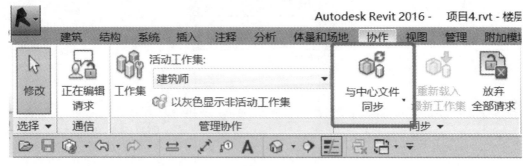

图 3-223

之后再次打开"工作集"把可编辑状态全部改成"否",这样就完成了工作集的分配，同时各个专业人员打开"工作集"，选择"另存为本地文件"，此时"保存"按钮和"与中心文件同步"按钮都变成可操作状态，各专业人员在另存的本地文件建模，点击"与中心文件同步"按钮就会自动把最新的模型文件同步到中文文件中，这样就实现了网络协同工作。

3.4.2 多专业文件链接后的碰撞检查以及方法

在 Revit 中可以通过文件链接的模式进行多专业的协调，点击"插入"选项卡，在"链接"面板中可以看到链接的方式，如图 3-224 所示。

（1）"链接 Revit" 首先打开一个 Revit 模型，在"链接"选项卡里面点击"链接 Revit"，如图 3-225 所示。

图 3-224

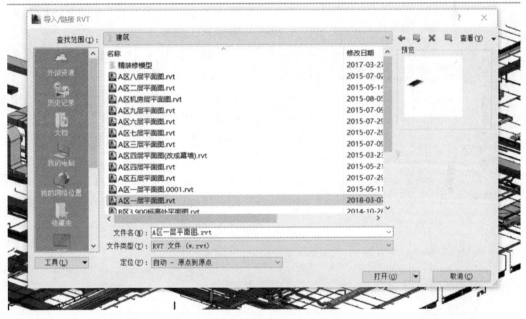

图 3-225

同时确定当前的定位方式为"自动-原点到原点"，将当前项目的项目原点与即将导入的 A 区一层平面图项目的项目原点自动对齐，点击"打开"将所选择项目导入当前项目当中。

单击"协作"选项卡，在"坐标"面板中可以通过"碰撞检查"命令对当前项目进行碰撞检测，点击"碰撞检查"的下拉列表，在下拉列表中选择"运行碰撞检查"命令，如图 3-226 所示。

打开"碰撞检查"对话框，可以在左侧"类别来自"中的"当前项目"选择"管件"和"管道"，右侧"类别来自"选择"A 区一层平面图.rvt"中的"墙体"，来检测管件和管道与墙体的碰撞，如图 3-227 所示。

图 3-226

图 3-227

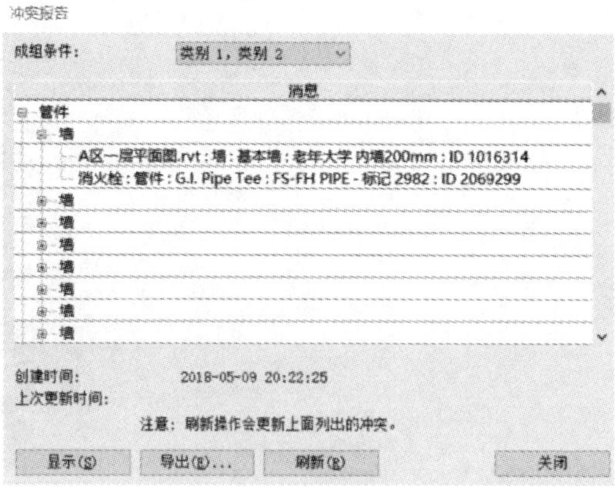

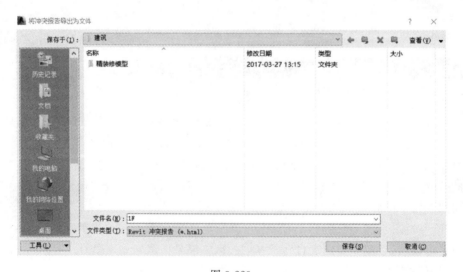

图 3-228

点击"确定",Revit 会自动检测碰撞检查,如图 3-228 所示。

同时在消息当中可以看到墙体具备 ID 号码,ID 号码是 Revit 项目当中每个构建的唯一代码,在所有的项目当中项目的 ID 代码不会重复出现,选择"ID",点击"显示"命令,可以方便快速地找到每一个碰撞点的位置。通过冲突报告底部的导出命令可以将这一次检测到的所有碰撞导出"html"格式的报告文件,如图 3-229 所示。

图 3-229

（2）"链接 IFC" 可以将其他软件导出 IFC 格式通用数据传输格式，通过连接 IFC 格式把其他模型连接到当前项目，如图 3-230 所示。

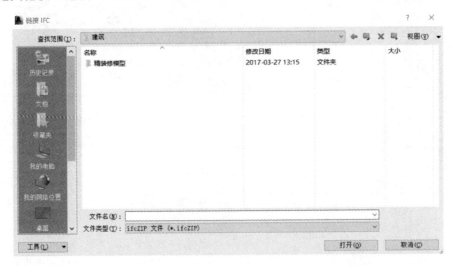

图 3-230

（3）"链接 CAD" 点击"链接 CAD"，可以将 CAD 图纸链接到 Revit 文件中进行参考，如图 3-231 所示。

图 3-231

这里导入单位选择"毫米"，定位选择"自动-原点到原点"。点击"打开"即可以将 CAD 图纸导入到当前项目，如图 3-232 所示。

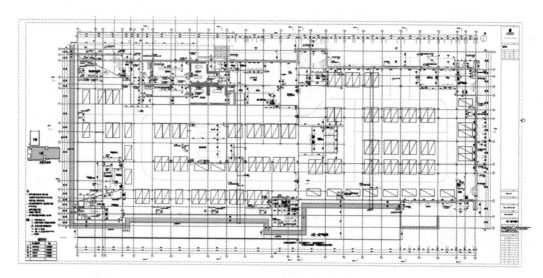

图 3-232

同时也可以在"可见性/图形"当中将需要显示的"Revit 链接"和"CAD 链接"显示在当前视图平面中，如图 3-233 所示。

三维视图: (三维 - UGod)的可见性/图形替换

| 模型类别 | 注释类别 | 分析模型类别 | 导入的类别 | 过滤器 | 工作集 | Revit 链接 |

可见性	半色调	基线	显示设置
☑ A区一层平法施工图.rvt	☐	☐	按主体视图
☑ A区一层平面图.rvt	☐	☐	按主体视图
☑ A区一层平面图.rvt	☐	☐	按主体视图
☑ B区3.900标高处平法施工图.rvt	☐	☐	按主体视图
☑ B区3.900标高处平面图.rvt	☐	☐	按主体视图
☑ B区7.500标高处平法施工图.rvt	☐	☐	按主体视图
☑ B区7.500标高处平面图.rvt	☐	☐	按主体视图
☑ B区一层平面图.rvt	☐	☐	按主体视图
☑ B区地下一层平面图.rvt	☐	☐	按主体视图
☑ B区夹层平法施工图.rvt	☐	☐	按主体视图

图 3-233

还可以点击"管理"选项卡，在"管理项目"面板中选择"管理链接"命令，如图 3-234 所示。

图 3-234

点击"管理链接"，可以对当前项目的链接文件进行重新载入、卸载和删除等操作来进行链接管理，如图 3-235 所示。

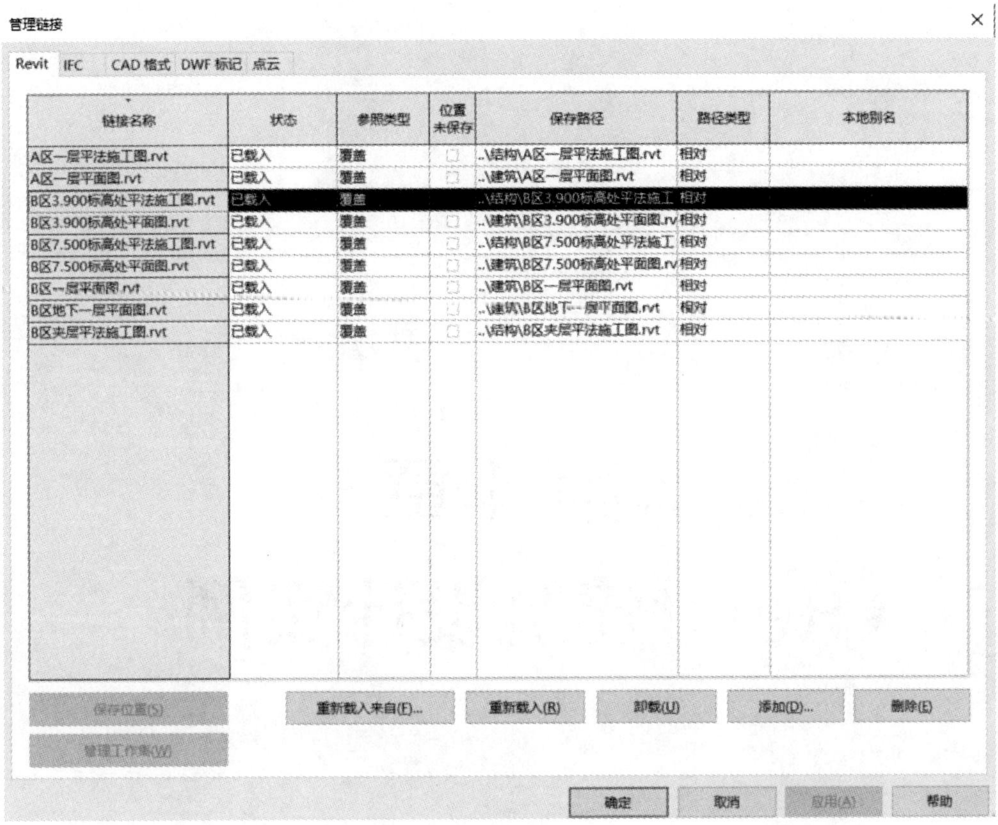

管理链接 ✕

Revit　IFC　CAD 格式　DWF 标记　点云

链接名称	状态	参照类型	位置 未保存	保存路径	路径类型	本地别名
A区一层平法施工图.rvt	已载入	覆盖	☐	..\结构\A区一层平法施工图.rvt	相对	
A区一层平面图.rvt	已载入	覆盖	☐	..\建筑\A区一层平面图.rvt	相对	
B区3.900标高处平法施工图.rvt	已载入	覆盖		..\结构\B区3.900标高处平法施工	相对	
B区3.900标高处平面图.rvt	已载入	覆盖	☐	..\建筑\B区3.900标高处平面图.rv	相对	
B区7.500标高处平法施工图.rvt	已载入	覆盖	☐	..\结构\B区7.500标高处平法施工	相对	
B区7.500标高处平面图.rvt	已载入	覆盖	☐	..\建筑\B区7.500标高处平面图.rv	相对	
B区一层平面图.rvt	已载入	覆盖	☐	..\建筑\B区一层平面图.rvt	相对	
B区地下一层平面图.rvt	已载入	覆盖	☐	..\建筑\B区地下一层平面图.rvt	相对	
B区夹层平法施工图.rvt	已载入	覆盖	☐	..\结构\B区夹层平法施工图.rvt	相对	

保存位置(S)　　　重新载入来自(F)...　　重新载入(R)　　卸载(U)　　添加(D)...　　删除(E)

管理工作集(W)

确定　　取消　　应用(A)　　帮助

图 3-235

第4章
Revit建筑设计实例

本章要点

小别墅建筑设计方案

住宅楼建筑设计方案

博物馆建筑设计方案

实际工程实践——某老年大学教学楼设计方案

4.1 小别墅建筑设计方案

本节内容将以欧特克公司提供的 Revit 2016 学生版为软件平台,以小别墅建筑设计方案为例来进行 BIM 建筑设计的思维培养;将从建筑设计任务书的解读,到设计思维,到设计草图,利用 Revit 软件相应功能进行方案推敲,再到基础模型的建立和深化等方面来进行讲解。通过本节内容,希望能够培养出学生基于建筑信息模型(BIM)的设计思维方式,争取做到能够让学生学会使用 BIM 来解决建筑设计中问题的方法。

4.1.1 设计任务书

4.1.1.1 设计目的

① 认识到建筑应与自然环境有机结合,与基地相适应,这是建筑设计的重要原则之一。别墅建筑应与优美的自然风光融为一体,从基地环境、条件出发创造出有个性特色的建筑形象与空间。

② 初步掌握"从外到内,内外结合"这一基本的建筑设计方法。注意从总体入手,首先解决好建筑布局与自然环境和基地的关系,同时注意内外结合来设计,创造良好的室内外空间,功能布局合理,使别墅既与自然环境有机结合,又满足度假生活的各项使用要求。

③ 妥善安排别墅各项使用功能及户外活动场地。既保障居住环境的私密性与舒适性,又有优美宜人、接近自然的室内外度假休闲环境,同时应满足朝向、日照、通风及建筑结构等项技术要求。

④ 建立尺度概念,了解居住建筑中人体活动对家具尺寸与布置、室内净高、楼梯与走道的尺寸等要求。

⑤ 学习用形式美的构图规律进行立面设计与体形设计,创造有个性特色的建筑造型,为环境增色。

4.1.1.2 建筑地点

选址位于北方某城市一风景湖旁边,背山面水,环境优美,拟在此建立一座独栋别墅。

4.1.1.3 建筑面积

$260m^2$($\pm10\%$)。

4.1.1.4 建筑标准

独栋独院式,宅院旁应有庭院绿化。

4.1.1.5 建筑设计要求

(1)层数 2～3 层。

(2)层高 3m。

（3）各房间使用面积（见表 4-1）

表 4-1

项目	组　成	合计面积
1	起居室	$35\sim40m^2$
2	餐厅	$15\sim20m^2$
3	厨房	$10\sim15m^2$
4	车库	$24m^2$
5	卫生间(至少 3 间)	共 $18m^2$
6	卧室(3 间)	$60m^2$
7	保姆间	$6\sim9m^2$
8	阳台及露台	自定
9	其他(门厅、储藏室、户内楼梯、书房等)结合设计安排	自定

4.1.1.6　图纸要求

（1）各层平面图　1∶100。

（2）立面图 2 个　1∶100。

（3）剖面图 2 个　1∶100（其中必须有一个剖切到楼梯）。

（4）总平面图　1∶500（可略去不选基地，但必须表明基地与公路的关系；基地一与湖关系，基地二与山关系）。

（5）室外效果图　至少 1 个，比例自定。

（6）主要房间室内透视图　至少 1 个，比例自定。

（7）设计说明及各项技术指标。

4.1.2　BIM 应用

4.1.2.1　创建建筑模型基准

（1）新建项目文件　打开 Revit 2016（学生版）软件，软件默认打开"最近使用的文件"页面。单击"新建"按钮，弹出"新建项目"对话框，在"样板文件"下拉选项中选择"建筑样板"，单击"确定"，完成新建项目文件。如图 4-1 所示。

图 4-1

（2）建立标高　新建项目文件将默认打开"F1"楼层平面视图。在"项目浏览器"中展开"立面（建筑立面）"视图类别，双击"南"立面视图，打开南立面视图界面。默认标高"F1"标高"±0.000m"和"F2"标高"4.000m"。如图 4-2 所示。

单击标高"F2"标高值"4.000"，进入标高值文本编辑状态。删除文本编辑框内原有数值，输入"3.3"，按"回车"键确认输入。如图 4-3 所示。

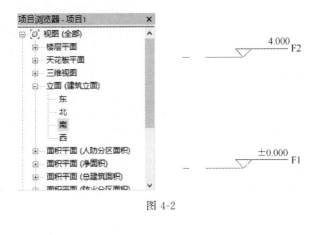

图 4-2

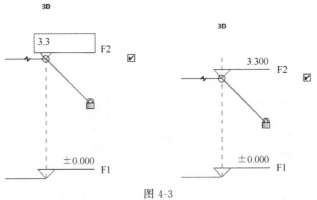

图 4-3

单击"建筑"选项卡下"基准"面板中的"标高"按钮，进入"修改|放置标高"上下文选项卡，进行建筑模型标高的完善。确认勾选选项栏中"创建平面视图"选项，设置偏移量为"0.0"。如图 4-4 所示。

图 4-4

移动鼠标光标到标高"F2"左侧标头上方任意位置，当出现蓝色标头对齐虚线时，单击左键捕捉标高起点。从左向右移动光标到"F2"右侧标头上方，同样，出现蓝色标头对齐虚线时单击左键，捕捉标高重点，创建新标高"F3"。如图 4-5 所示。

绘制完成后可按"F2"标高修改方法调整标高值。根据设计草图，将这里"F3"改为"6.600"，并依此方法添加"F4"和"F5"以及"室外地坪"标高。如图 4-6 所示。

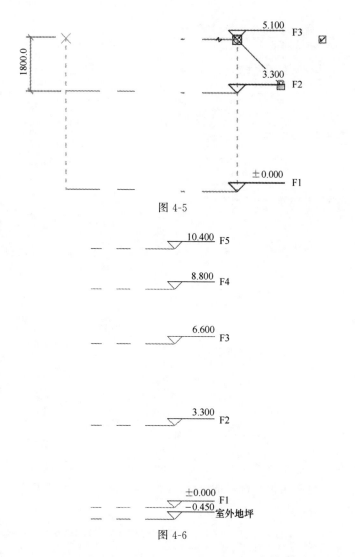

图 4-5

图 4-6

选择"室外地坪"标高，单击标头右侧的"添加弯头"符号，软件将为所选标高添加弯头。可以通过拖曳标高弯头的操作夹点来修改标头的位置，如图 4-7 所示。

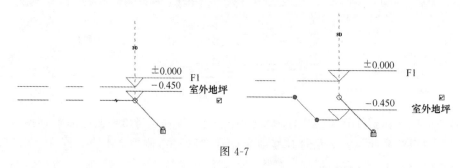

图 4-7

也可通过"修改"选项卡下的"复制"命令来实现标高的创建。打开"新建项目文件"中的"南立面视图"，默认标高"F1"和"F2"，按上述方法对标高"F2"进行修改。如图 4-3 所示。

单击选择标高"F2"，激活"修改|标高"上下文选项卡，单击"修改"面板下的"复制"按钮，勾选选项栏中的"约束"和"多个"选项。如图4-8所示。

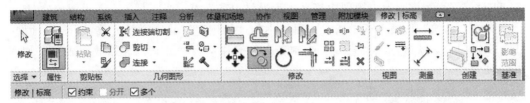

图 4-8

再次单击选择标高"F2"，并向上移动，此时可以看到新建标高与被复制标高之间会出现"临时尺寸标注"，当尺寸为"3300"时，单击鼠标左键，完成复制；也可在复制新标高时，直接输入"临时尺寸标注"数值，如在复制新标高时直接输入数值"3300"，敲"回车"，完成复制。如图4-9所示。

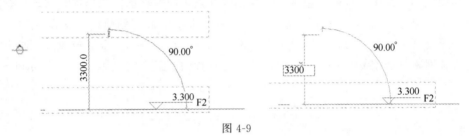

图 4-9

当勾选"多个"按钮时，完成第一次复制后，可以继续进行新标高的复制，可连续输入数值后回车确认进行多个标高的创建。若未勾选"多个"，将只会进行一次标高的复制。

通过"复制"命令得到的新标高，将不会自动创建"楼层平面"视图，所以，要进入"视图"选项卡下"创建"面板中的"平面视图"选项来创建"楼层平面"视图。单击"平面视图"按钮，选择下拉选项中的"楼层平面"按钮，弹出"新建楼层平面"对话框，按住键盘上"Ctrl"键依次点选标高，然后"确认"，创建楼层平面。如图4-10所示。

图 4-10

（3）创建轴网　轴网的创建过程与标高的创建过程操作基本相同。

在"项目浏览器"中展开"楼层平面"视图类别，双击"F1"楼层平面视图，打开 F1 楼层平面视图界面。视图中符号表示项目中东、南、西、北各立面视图的位置。

单击"建筑"选项卡下"基准"面板中的"轴网"工具，激活"修改|放置轴网"上下文选项卡，默认选择"直线"绘制工具，偏移量为"0.0"，开始放置轴网。如图 4-11 所示。

图 4-11

移动鼠标至绘图区域单击左键，作为轴线起点，向右移动鼠标指针，移动至合适位置再次单击鼠标左键作为轴线终点，完成第一条水平轴线的创建。根据设计构思和草图，按照复制标高的方法，复制出水平轴网。同理，在水平轴网合适位置处，画出第一条垂直轴网，然后重复"复制"命令，完成垂直轴网。最终完成如图 4-12 所示轴网。

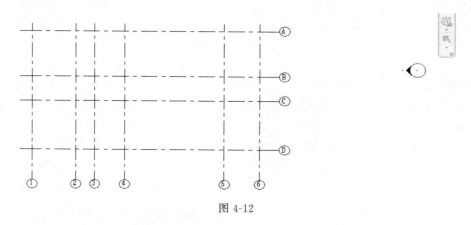

图 4-12

4.1.2.2　创建别墅结构体系

在本节中，将根据设计构思及草图，为小别墅项目创建三维模型，包括为项目添加墙体、楼板、柱子、门、窗等。

（1）创建墙体　墙体属于系统族，可以根据需求自行设定墙结构参数定义生成新的三维墙体模型。在创建墙体之前，要先根据设计构思及草图定义好墙体类型，包括墙厚、做法、材质、功能等，再制定各墙体的平面位置，高度等参数。

根据设计草图，别墅墙体结构分为外墙和内墙。首先，应创建外墙。

在项目浏览器中展开"楼层平面"视图类别下的"F1"楼层平面视图，单击"建筑"选项卡下"构建"面板中的"墙"工具下拉列表，在列表中选择"墙"工具，激活"修改|放置墙"上下文选项卡。如图 4-13 所示。

单击"属性"面板中的"编辑类型"按钮，弹出墙"类型属性"对话框。如图 4-14 所示。

图 4-13

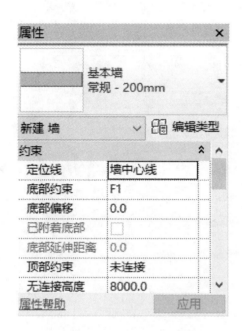

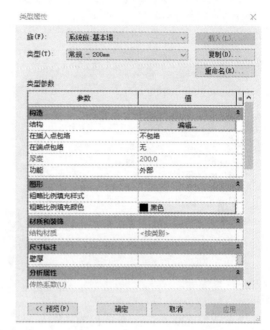

图 4-14

默认选择"族"选项下拉列表中的"系统族：基本墙"，在"类型"列表中，设置当前类型为"常规－300mm"，如图 4-15 所示。

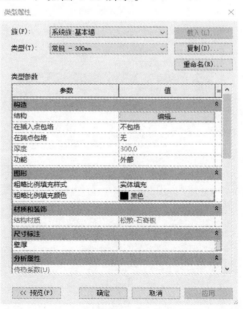

图 4-15

单击"类型"列表后的"复制"按钮，在"名称"对话框中输入"别墅外墙－360mm"作为新类型名称，单击"确定"完成新类型墙体族的创建，返回"类型属性"对话框。如图4-16所示。

图 4-16

确认"类型属性"对话框墙体类型参数列表中的"功能"为"外部"，单击"结构"参数后的"编辑"按钮，打开"编辑部件"对话框。如图4-17所示。

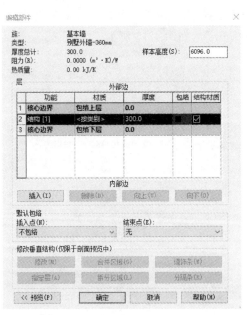

图 4-17

在 Revit 墙类型参数中，"功能"用于定义墙体层的用途，它反映墙在建筑中所起

的作用。在"层"列表中默认包括厚度为"300.0"的"结构"层，单击"插入"按钮两次，插入两个结构层。且"材质"及"厚度"设置如图4-18所示，完成后点击"确定"，进入"修改|放置墙"上下文选项卡。

选择"绘制"面板中的"直线"命令，由于这里创建的是建筑的外墙，所以墙体底部应该和室外地坪标高对应，所以，修改"底部约束"为"F1"，修改"底部偏移"为"－450.0"，修改"顶部约束"为"直到标高：F2"。如图4-19所示。

图 4-18

图 4-19

根据前文所介绍创建墙体方法，创建如图4-20所示的外墙。

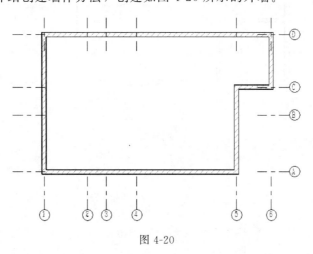

图 4-20

内墙的绘制操作与外墙的绘制基本一致，重复操作新建"别墅内墙－240mm"的内墙类型。确认"类型属性"对话框"墙体类型参数"列表中的"功能"为"内部"，单击"结构"参数后的"编辑"按钮，打开"编辑部件"对话框编辑内墙结构。其构造层设置如图4-21所示。

在"属性"栏调整内墙限制条件，修改"底部约束"为"F1"，"底部偏移"为

“0.0”，“顶部约束”为“直到标高：F2”，“顶部偏移”为“－150.0”，如图 4-22 所示。

层					
	外部边				
	功能	材质	厚度	包络	结构材质
1	面层 1 [4]	涂层-内部	20.0	☑	
2	核心边界	包络上层	0.0		
3	结构 [1]	多孔材料	200.0		☑
4	核心边界	包络下层	0.0		
5	面层 2 [5]	涂层-内部	20.0	☑	

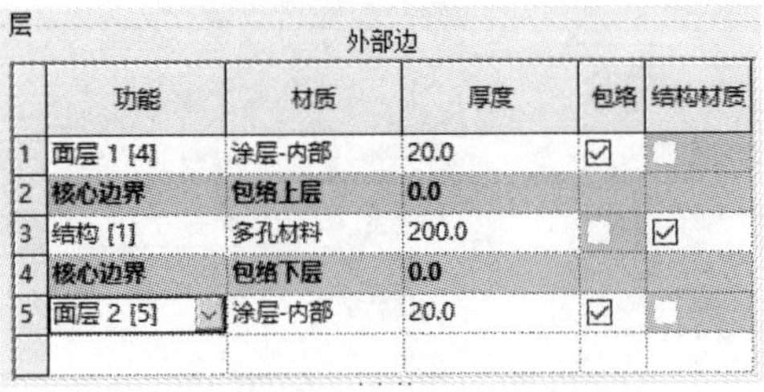

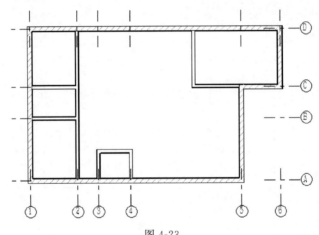

图 4-21

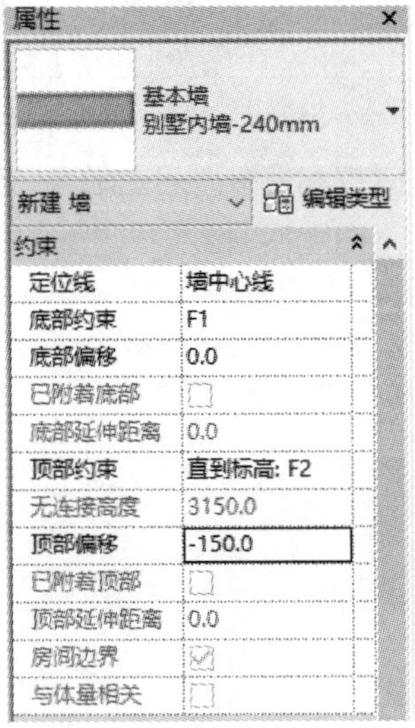

图 4-22

完成设置后，根据墙体绘制方法，创建如图 4-23 所示的内墙。

图 4-23

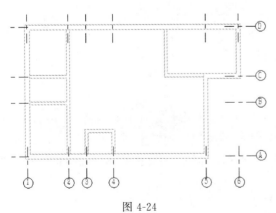

图 4-24

接下来绘制别墅二层的内墙和外墙，可以结合设计草图，按照上文绘制方法重复操作完成项目墙体的绘制，这里不一一赘述。

在绘制别墅二层墙体时，切换到“楼层平面：F2”标高视图时，可以看到一层所绘墙体的半隐显示状态，如图 4-24 所示。

这是由于欧特克公司为了方便用户绘制墙体时将一层作为参照所设置的，

用户可以修改左侧"属性栏"中的"基线"来方便绘制，此处默认即可。

完成别墅二层的墙体绘制如图4-25所示。

（2）添加柱 在Revit中可以创建结构柱和建筑柱两种柱体，建筑柱与墙体重合时，它会自动应用墙体的材质而不是与之分离，因此在处理建筑外立面柱与墙的交接时需要用户首先布置建筑柱，然后在建筑柱内在此添加结构柱。建筑柱不可成为梁的支点，只有结构柱才可以成为梁的支点。

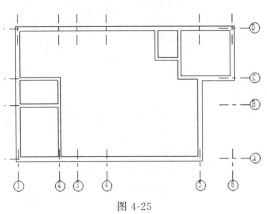

图 4-25

虽然别墅为砖混结构，但是由于考虑到二层楼板的承重问题，因此，需要为别墅中厅添加柱子。

首先添加别墅建筑柱。进入"楼层平面：F1"标高平面视图，单击"建筑"选项卡下"柱"下拉选项的"建筑柱"按钮。在"属性"栏里的"类型选择器"下拉框中选择与别墅项目尺寸适合的建筑柱，此处可以新建。

单击"编辑类型"按钮，在弹出的"类型属性"对话框中单击"复制"，创建"310×310mm"的建筑柱。在"类型属性"对话框"尺寸标注"选项下修改"深度"和"宽度"为"310.0"。如图4-26所示。

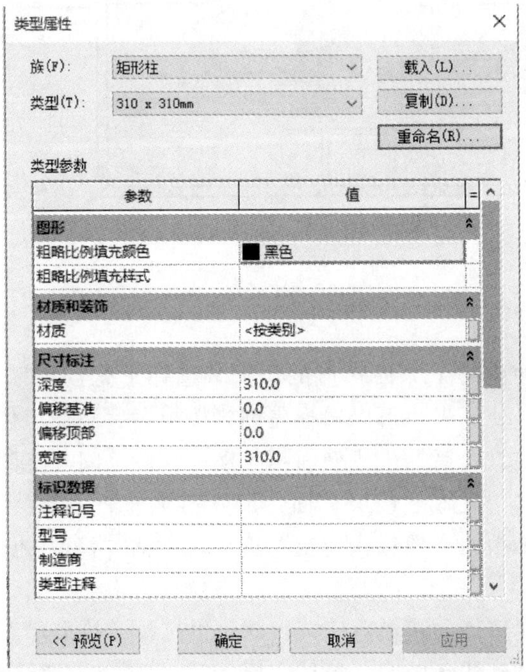

图 4-26

单击"确定"生成对应尺寸的建筑柱，然后在左侧"属性"栏的"类型选择器"中选择刚刚创建的建筑柱。修改放置柱限制条件为"高度""F2"，确认勾选"房间边界"。如图 4-27 所示。

图 4-27

图 4-28

根据前文介绍的修改放置柱方法，在相应的轴网交点处单击鼠标左键，即可放置建筑柱，放置完成后按照同样方法创建"300×300mm"的构造柱，并完成在建筑柱处的放置。构造柱结构设置如图 4-28 所示，最终放置结果如图 4-29 所示。

（3）添加楼板　在前文介绍中，明确可以通过拾取墙和绘制线来生成楼板，楼板生成完成后，亦可以根据实际来重新编辑和修改楼板属性。

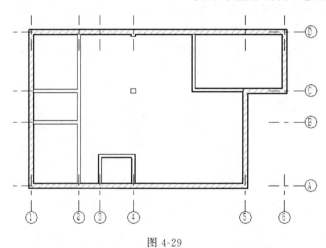

图 4-29

本案例在建模顺序中为了方便柱体的添加，选择了先创建墙体，再添加楼板的顺序，在以后的学习中，使用者也可以选择先创建楼板，后添加墙体的顺序（先添加楼板后添加墙体可以避免在方案后期生成剖面图时楼板与墙之间有空隙的问题）。

单击"项目浏览器"进入"楼层平面：F1"标高平面视图。选择"建筑"选项卡下"面板"下拉选项卡中的"楼板：建筑"选项，激活"修改|创建楼层边界"上下文选项卡。

由于已选择先创建墙体的建模顺序，因此可以选择"拾取墙"的绘制命令，并默认偏移为"0.0"，勾选"延伸到墙中（至核心层）"。如图 4-30 所示。

由于车库标高与室内标高不同，因此先单独创建室内标高楼板。在左侧"属性"栏中修改"约束"条件，修改放置"标高"为 F1，默认勾选"房间边界"，如图 4-31所示。

图 4-30

依次拾取外墙边界，结合"修改"面板中相关命令完成草图模式的编辑，如图 4-32 所示。

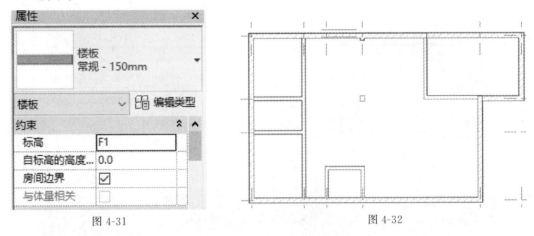

图 4-31

图 4-32

单击"模式"面板"完成编辑模式"命令，退出草图模式，完成楼板的创建。在弹出的对话框中选择"是"，如图 4-33 所示。

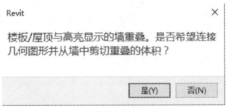

图 4-33

重复添加楼板操作，完成车库楼板的添加。如图 4-34 所示。

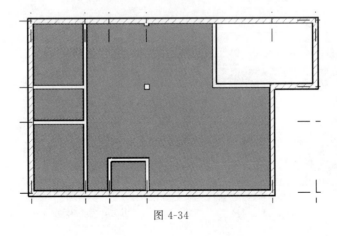

图 4-34

根据设计草图，可以知道，由于二层有中空部分，因此，二层楼板为不规则形状，这需要在编辑草图时结合相关修改命令来完成二层楼板的绘制（图 4-35）。

首先进入"项目浏览器"的"楼层平面：F2"标高平面视图，重复楼板绘制操作进入"修改|创建楼层边界"上下文选项卡，在左侧"属性"栏中修改"约束"条件，修改放置"标高"为"F2"，默认勾选"房间边界"，如图 4-36 所示。

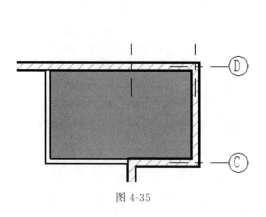

图 4-35

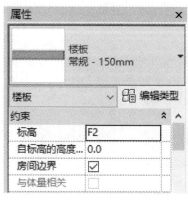

图 4-36

结合设计草图，通过"绘制"面板中的"线""拾取墙""起点-终点-半径弧"以及"修改"面板相关命令完成草图模式的编辑。如图 4-37 所示。

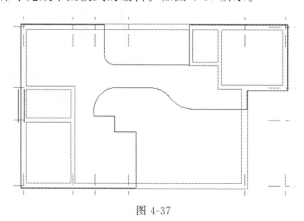

图 4-37

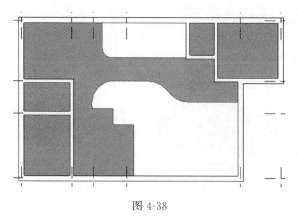

图 4-38

单击"模式"面板"完成编辑模式"命令退出草图模式，在弹出的对话框中选择"是"，完成楼板的创建。如图 4-38 所示。

（4）添加楼梯　Revit 中可以通过"建筑"选项卡下"楼梯坡道"面板中的"楼梯"命令来实现楼梯的绘制。

根据设计草图，先进行双跑 U 形楼梯的绘制。

首先进入"项目浏览器"的"楼层平面：F1"标高平面视图，单击"楼梯坡道"中的"楼梯"命令激活"修改|创建楼梯"选项卡，单击"构件"面板中的"U形转角"绘制命令。

在左侧"属性"栏点击"编辑类型"按钮打开"类型属性"对话框，新建名为"室外楼梯"的楼梯类型，依次设置楼梯的类型属性参数，如图4-39所示。

在左侧"属性"栏中修改相关约束参数。如图4-40所示。

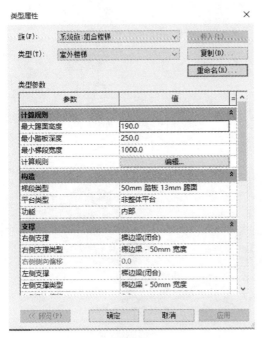

图 4-39

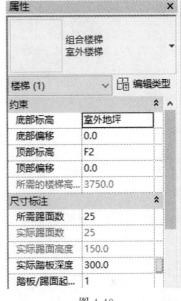

图 4-40

修改完成后在楼梯处单击左键，即可完成创建如图4-41所示的双跑U形楼梯。

单击"构件"面板下的"平台"按钮，选择"创建草图"绘制命令，激活"修改|创建楼梯＞绘制平台"上下文选项卡。选择"绘制"面板下的"矩形"命令，创建平台草图，并单击"模式"面板下的"完成编辑模式"完成平台的绘制，如图4-42所示。

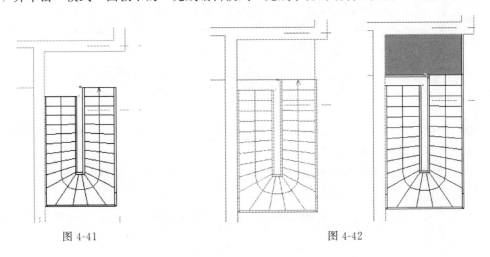

图 4-41

图 4-42

继续单击"完成编辑模式"完成楼梯整体的绘制，这时 Revit 会发出警告"栏杆是不连续的"，如图 4-43 所示。用户可以通过修改栏杆路径来解决栏杆连续问题。

关闭警告提示，单击选择楼梯上的栏杆扶手。激活"修改|栏杆扶手"选项卡，选择"模式"面板下的"编辑路径"按钮，进入"修改|栏杆扶手＞绘制路径"选项卡。这时，就可以对楼梯栏杆扶手进行编辑，删除多余的栏杆扶手路径即可，如图 4-44 所示。

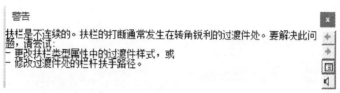

图 4-43

单击"模式"面板下的"完成编辑模式"即可完成楼梯的绘制。如图 4-45 所示。

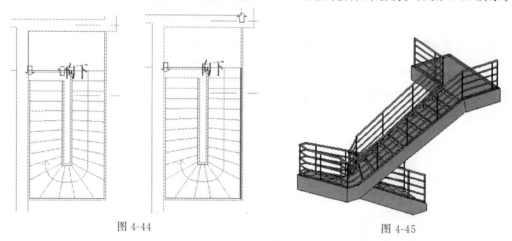

图 4-44   图 4-45

接下来进行室内旋转楼梯的绘制。首先进入"修改|创建楼梯"选项卡，旋转楼梯的绘制可以选择"构件"面板下的"全踏步螺旋"和"圆心-端点螺旋"命令来进行绘制。这里可以选择"全踏步螺旋"命令来进行旋转楼梯的绘制，如图 4-46 所示。

图 4-46

单击左侧"属性"栏中的"编辑类型"按钮，新建名为"室内旋转楼梯"的楼梯类型，并完成相关楼梯参数的设置，如图 4-47 所示。

单击"确定"完成对新建楼梯类型的参数设置。修改左侧"属性"栏中的相关约束参数。修改结果如图 4-48 所示。

完成相关参数设置后，在楼梯处根据前文介绍楼梯绘制方法进行旋转楼梯的绘制，如图 4-49 所示。

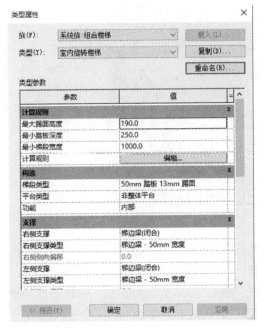

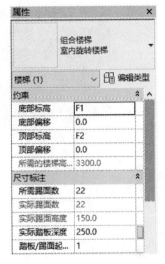

图 4-47   图 4-48

单击"模式"面板下的"完成编辑模式"即可完成旋转楼梯的绘制。如图 4-50 所示。

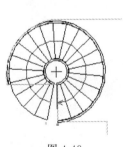

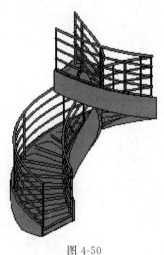

图 4-49   图 4-50

单击"楼梯坡道"面板中的"栏杆扶手",激活"修改|创建栏杆扶手路径"选项卡,可以用"绘制"面板中的相关命令为二层楼板添加栏杆扶手。根据别墅实际要求,需要创建如图 4-51 所示的栏杆扶手。

(5) 添加门 Revit 中已经有较多类型的门供用户选择使用,如果需要更多门的类型,可以从库中载入族。插入门的绘制方法如下。

首先进入"项目浏览器"的"楼层平面:F1"标高平面视图。

单击"建筑"选项卡下的"门"按钮。激活"修改|放置门"上下文选项卡,可以

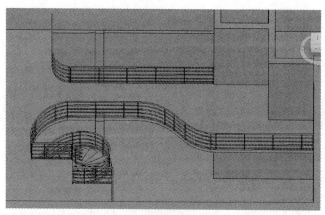

图 4-51

在左侧"属性"栏中的"类型选择器"中选择需要的门，还可以通过"模式"面板中的"载入族"命令从库中载入需要的门。这里选择"载入族"的方式来添加门。

打开"插入"选项卡下的"载入族"命令，激活"载入族"对话框。依次打开"建筑""门""普通门""平开门""单扇"，选择需要的门之后，单击"打开"即可将门族载入到别墅项目中。如图 4-52 所示。

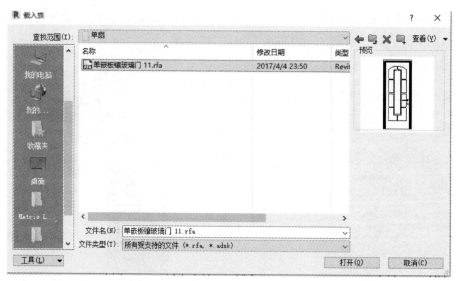

图 4-52

放置门时只需在插入位置，单击墙体即可插入门，然后通过修改临时尺寸标注来精确定位门的位置。插入门时在墙内外移动鼠标可以改变门的内外开启方向，按"空格"键可改变左右开启方向。如图 4-53 所示。

选择所添加的门，可以在左侧"属性"栏修改相关约束参数，如门的标高、底高度和顶高度，这里按照默认参数"标高：F1""底高度：0.0"即可。

通过左侧"属性"栏中"编辑类型"按钮，可以修改和新建门类型。可以根据需要的门类型，按照以上方法完成整个项目门的添加。如图 4-54 所示。

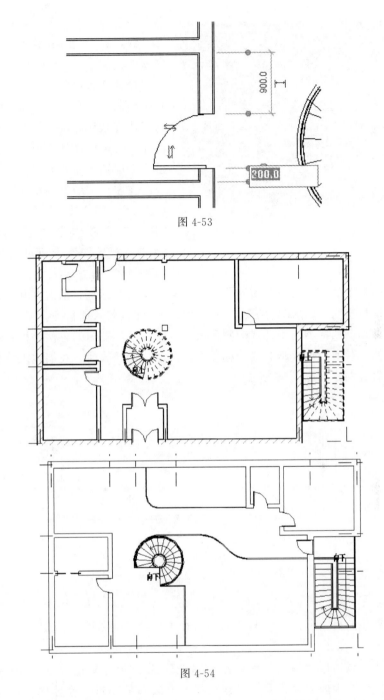

图 4-53

图 4-54

对于比较特殊的车库门，依然可以采用"载入族"的方式来完成，如果库中没有合适的车库门族，可以选择利用墙体代替车库门的操作来完成。

通过"建筑"选项卡下的"洞口"面板中的"墙洞口"命令在墙上插入等于车库门大小的洞口，在洞口中绘制隔墙，设置隔墙厚度为车库门厚度，并将其结构材质调整为"金属"，即可完成车库门的绘制。如图 4-55 所示。

（6）添加窗　窗的添加方式与门的添加方式基本一致。一般情况下从"类型选择

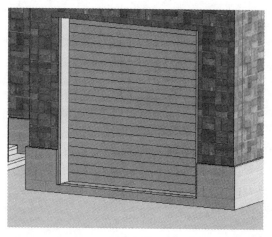

图 4-55

器"中选择窗的类型或者从"库"中通过"载入族"的方式载入即可选择需要的窗的类型。

窗的插入可以用平面和立面两种方式来插入：在平面插入窗，其窗台高度为窗体族默认高度参数值；在立面插入窗体时，可以在任意位置插入窗。这里选择平面插入窗的方式。

在左侧"项目浏览器"中选择"楼层平面：F1"标高平面视图。单击"建筑"选项卡下"窗"按钮，激活"修改|放置窗"上下文选项卡。通过"载入族"的方式来载入需要的窗。单击"模式"面板下的"载入族"按钮，激活"载入族"对话框，依次打开"建筑""窗""普通窗""推拉窗"，选择需要的窗，单击"打开"即可载入项目中。

在左侧"类型选择器"中选择刚刚所载入的窗，同放置门的方法一样，在墙体位置插入即可。插入后通过修改临时尺寸标注来精准定位。插入时，在墙体内外移动鼠标可改变内外开启方向。如图 4-56 所示。

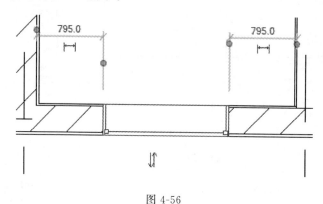

图 4-56

选择所添加的窗，可以在左侧"属性"栏中修改实例参数，此处修改窗的标高为"F1"、底高度为"800.0"。

这里依然可以通过"编辑类型"来新建需要的窗体族。新建新的窗体类型后，通过修改"类型属性"中的相关"类型参数"基本可以满足项目对窗体的需要。如图 4-57 所示。

其他窗体也可按照上述相同方法来进行添加。如图 4-58 所示。

（7）添加坡道　坡道的设计一般需考虑到方案的无障碍设计，此处通过为车库设计坡道来组织车库的室内外高差。坡道的添加有两种方式：一种是直接用"楼梯坡道"面板下的"坡道"命令来完成坡道的绘制；另一种是通过新建楼板，然后"修改子图元"对楼板进行编辑。

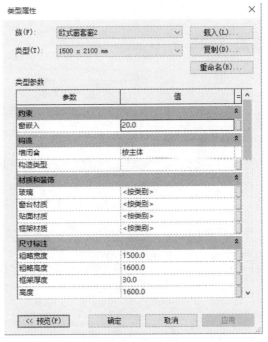

图 4-57

图 4-58

首先介绍常规坡道的绘制方法。在左侧"项目浏览器"中打开"楼层平面:F1"标高平面视图。单击"建筑"选项卡下"楼梯坡道"面板中的"坡道"按钮,激活"修改|创建坡道草图"选项卡。默认选择"绘制"面板中的"梯段"→"直线"绘制命令。修改左侧"属性"栏中"底部标高"为"室外地坪","顶部标高"为"F1","顶部偏移"为"−300.0","宽度"为"3600.0",其他默认即可。单击"编辑类型"打开"类型属性"对话框,修改"造型"为"结构板","功能"为"内部",单击确定即可。如图 4-59 所示。

移动鼠标,捕捉车库门外墙外部中点并单击作为起点,再次单击此处即可完成坡道的绘制。单击"模式"面板下的"完成编辑模式"即可完成坡道的绘制。如图 4-60 所示。

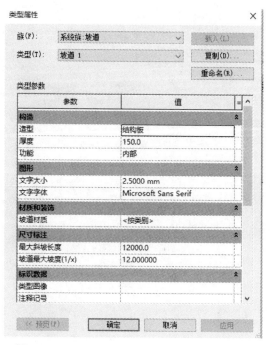

图 4-59

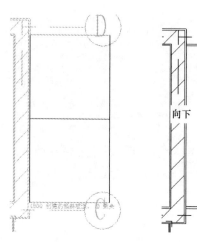

向下

图 4-60

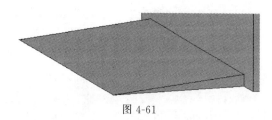

图 4-61

这时创建的坡道是有栏杆扶手的，单击选择栏杆扶手删除即可。如图 4-61 所示。

此外，还可以通过"修改子图元"的方法来完成坡道的绘制，首先绘制与坡道平面底投影相同大小的楼板，选中楼板，激活"修改 | 楼板"，将楼板标高修改为"F1"，单击"形状编辑"面板中的"修改子图元"按钮，即可将楼板变为四点高程可编辑状态，可以通过"形状编辑"面板下的"添

加点"按钮来为楼板添加可编辑的高程点。单击各个点并对其高程进行编辑，即可创建需要的坡道，如图 4-62 所示。

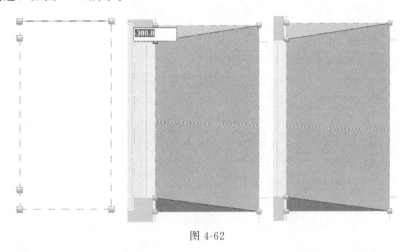

图 4-62

单击"Esc"键即可退出子图元编辑界面，最终完成坡道的绘制，如图 4-63 所示。

图 4-63

（8）添加屋顶　屋顶是建筑的重要组成部分，在 Revit 中提供了多种屋顶建模工具，如"迹线屋顶""拉伸屋顶""面屋顶"。由于此别墅项目只有平面屋顶和斜屋顶，所以主要介绍迹线屋顶的绘制方法。

先介绍平面屋顶的绘制方法。在左侧"项目浏览器"中打开"楼层平面：F3"标高平面视图。单击"建筑"选项卡下"屋顶"下拉按钮中的"迹线屋顶"命令，激活"修改 | 创建屋顶迹线"选项卡。

单击选择"绘制"面板下的"边界线""矩形"命令，在选项栏中取消勾选"定义坡度"，默认"偏移"为"0.0"，默认不勾选"半径"。在左侧"属性"栏中修改相关约束条件，修改"底部标高"为"F3"，"自标高的底部偏移"为"0.0"，在"编辑类型"中修改屋顶结构，厚度为"150mm"，完成后单击"应用"按钮即可完成。如图 4-64 所示。

移动鼠标，捕捉平屋顶对应点绘制屋顶迹线草图，如图 4-65 所示。

单击"完成绘制模式"，完成平面屋顶的创建，如图 4-66 所示。

斜屋顶的创建与平面屋顶的绘制方法大致相同。首先激活"修改 | 创建屋顶迹线"选项卡。选择"绘制"面板下的"边界线""矩形"命令，在选项栏中勾选"定义坡度"，默认"偏移"为"0.0"，取消勾选"半径"。

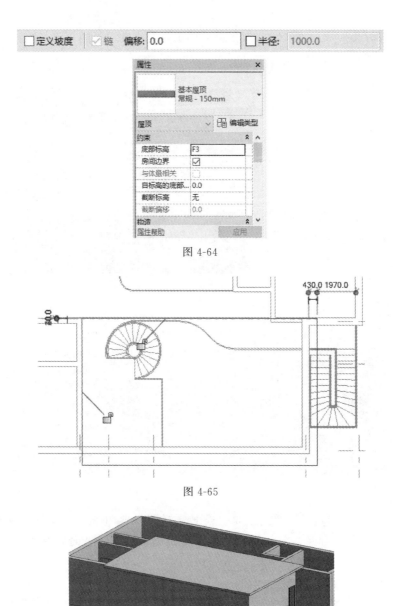

图 4-64

图 4-65

图 4-66

在左侧"属性栏"中修改相关约束条件,修改"底部标高"为"F3","自标高的底部偏移"为"0.0",在"编辑类型"中修改屋顶结构,厚度为"150mm",完成后单击"应用"按钮即可完成。移动鼠标,捕捉斜屋顶对应点绘制屋顶迹线草图,分别单击上下两条和右侧一条迹线草图,在选项栏中取消勾选"定义坡度",单击左侧迹线草图,修改"坡度"值为"23",如图 4-67 所示。

单击"完成绘制模式",完成平面屋顶的创建,如图 4-68 所示。

可以看到,屋顶下方的墙并没有连接到斜屋顶上去,单击选择斜屋顶下方的墙,激活"修改|墙"选项卡,单击"修改墙"面板下的"附着顶部/底部"按钮,然后再次单击刚刚所创建的斜屋顶,如图 4-69 所示。

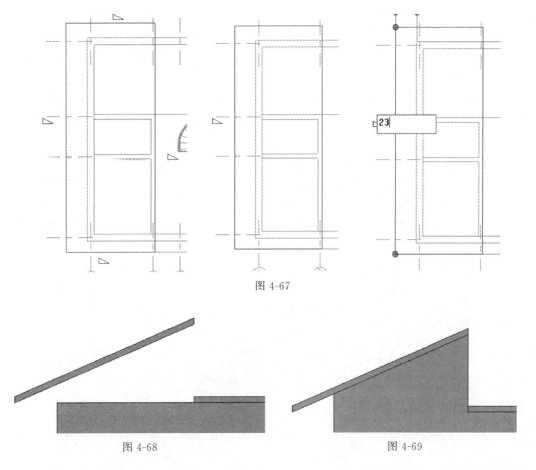

图 4-67

图 4-68　　　　　　　　　　　　　　　　图 4-69

根据同样方法可完成剩余斜屋顶的绘制，以及屋顶与墙体的衔接。玻璃幕墙的绘制方法与墙体的绘制方法基本相同，这里不再赘述。

女儿墙的添加可以利用外墙升高的方法，用突出部分墙体来充当女儿墙；也可以用直接添加外墙的方式来添加，调整好墙体的高度和厚度即可。

Revit 也提供了封檐板和檐槽的绘制选项。可以在"屋顶"下拉选项卡中进行选择，通过"载入族"的方式来为屋顶添加檐槽和封檐板，用户可自行尝试，这里不做详细介绍。最终完成屋顶效果如图 4-70 所示。

图 4-70

4.1.2.3 创建别墅其他建筑构件

在本节中，将为别墅模型添加屋前雨篷，入口踏步等相关构件。

（1）为别墅主入口添加雨篷　可以看到，Revit中没有单独的雨篷构件，所以就需要单独来为项目创建雨篷，这里可以选择创建"迹线屋顶"的方法来创建。

首先在左侧"项目浏览器"中打开"楼层平面：F2"标高平面视图。单击"建筑"选项卡下"屋顶"下拉按钮中的"迹线屋顶"命令，激活"修改|创建屋顶迹线"选项卡。

单击选择"绘制"面板下的"边界线"→"矩形"命令，在选项栏中默认勾选"定义坡度"，默认"偏移"为"0.0"，默认不勾选"半径"，在左侧"属性"栏中修改相关约束条件，修改"底部标高"为"F2"，"自标高的底部偏移"为"0.0"，在"编辑类型"中修改屋顶结构，厚度为"150mm"，完成后单击"应用"按钮即可完成。如图4-71所示。

图 4-71

移动鼠标，捕捉主入口雨篷对应点绘制屋顶迹线草图，分别单击选择上下两条迹线草图，并在选项栏中取消勾选定义坡度。单击选择左右两条迹线草图，修改"坡度"为"30.00°"，如图4-72所示。

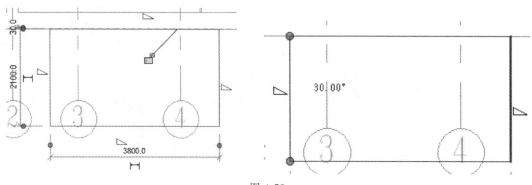

图 4-72

单击"完成绘制模式",完成主入口雨篷的创建，入口门柱可根据前文介绍方法自行添加，如图4-73所示。

（2）添加主入口踏步　同样，在Revit中是没有入口踏步的构件的，所以，这就需要用户单独来创建。用户可以用三种方法来解决：① 使用楼梯代替，创建完成后删除楼梯扶手；②使用创建族的方法来创建踏步；③通过创建多个标高不同、大小相同的楼板叠加起来代替。这里选择创建族的方法来创建入口踏步构件。

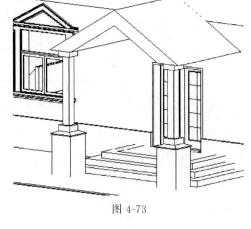

图 4-73

首先单击软件左上角"文件"选项，打开下拉菜单，选择"新建"→"族"。打开"新族-选择样板文件"对话框，如图4-74所示。

图 4-74

在选择栏中找到"公制轮廓.rft"并单击打开，进入创建新族"族1"界面中。利用"详图"面板中的"线"命令，在绘图区绘制梯面深度300mm，梯面高度150mm的台阶轮廓，如图4-75所示。

单击"族编辑器"面板中的"载入到项目"即可载入到别墅项目中。回到别墅项目编辑区域，这里需要借助"楼板"来完成入口踏步的创建。在主入口处先创建合适台面大小的楼板。如图4-76所示。

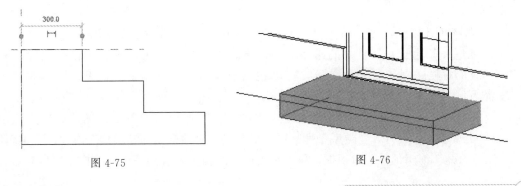

图 4-75

图 4-76

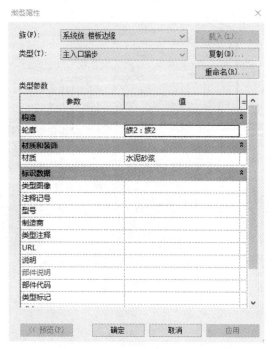

图 4-77

创建完成后，单击"建筑"选项卡下"楼板"下拉列表中的"楼板：楼板边"按钮，激活"修改|放置楼板边缘"选项卡。单击左侧"属性"栏中"编辑类型"按钮打开"类型属性"对话框，单击复制新建名为"主入口踏步"的楼板边缘新族类型，并修改"构造"下的"轮廓"为刚刚所创建载入的族，单击"确定"即可，如图4-77。

然后分别单击入口处刚开始所创建的"楼板"的上部边缘线即可创建入口踏步。采用这种方式创建的踏步可以自适应楼板边角处，自动做踏步封边处理，所以，这种方法在实际操作中应用较广。如图4-78所示。

4.1.2.4　模型的检查与完善

至此，已经基本完成了别墅项目的模型绘制，但还需要对模型进行一个较为系统与细致的检查，以防止模型出现构件缺失的问题。将模型切换到各个视图，仔细检查模型的完整性，以及各部分构件的组合与衔接问题。完成了模型的检查和完善，就要对模型进行更进一步的细化，接下来主要讲解材质的指定与渲染。

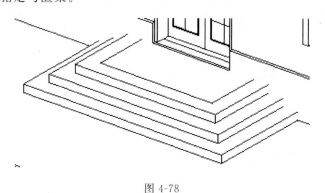

图 4-78

（1）构件材质的设置　在前期的建模过程中用户已经对建筑材质有了一定的了解，但是为了达到一个良好的出图渲染效果，需要将建筑模型的各个模型构件，赋予相应的材质。对于材质的赋予，可以在三维视图中进行设置。这里以墙体的材质设置为例。

单击选中要修改属性的墙体，激活"修改|墙"选项卡，单击左侧"属性"栏中"编辑类型"按钮，打开"类型属性"对话框，点击对话框中的"结构"后面的"编辑"按钮，打开"编辑部件"对话框，可以在"层"结构中，看到墙体的结构，然后对每个

层面赋予相对应的材质。如图 4-79 所示。

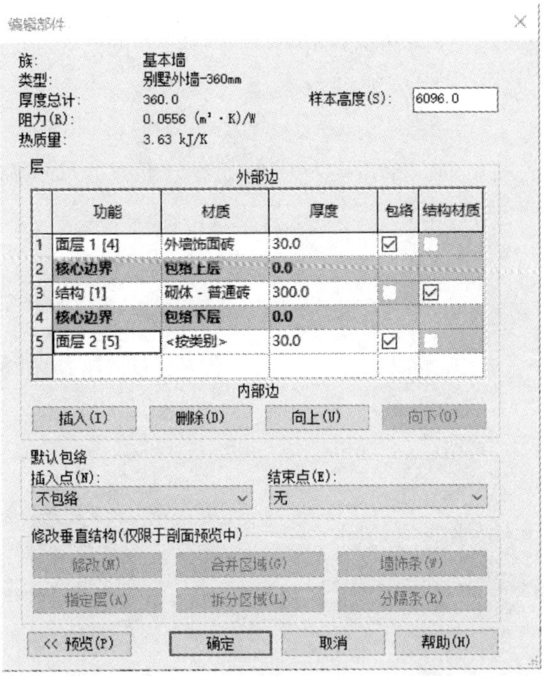

图 4-79

单击"面层 1"后面"材质"选项，即可激活"材质浏览器-默认为新材质"对话框，这里可以选择需要的材质。如图 4-80 所示。

图 4-80

用户也可以直接在搜索栏中搜索材质，如果这里的材质不能够满足需要，可以新建材质。

单击"材质浏览器"下方的"创建并复制材质"下拉列表中的"新建材质"。这时，"材质浏览器"中就会显示刚刚创建的材质类型"默认为新材质"，右键单击重命名为"外墙饰面"。如图 4-81 所示。

选择刚刚所创建的新材质，单击"材质浏览器"下方的"资源浏览器"按钮打开资源浏览器对话框，如图 4-82 所示。

图 4-81

图 4-82

可以在这里选择需要的对应的资源，这里选择"砖石"→"非均匀顺砌-红色"。将鼠标悬停在所选择的资源，单击资源后方的"替换"按钮，即可将此资源替换"编辑器"中的当前资源。如图 4-83 所示。

图 4-83

单击"完成"后，"外墙饰面"材质就设置完成了。单击"确定"即可完成该墙体材质的更改与指定。如图 4-84 所示。

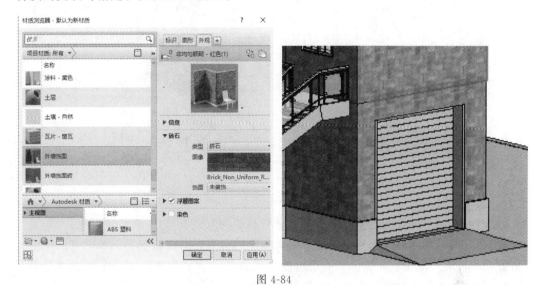

图 4-84

在上面的操作中创建了新的材质，并对墙体完成了材质的更改与指定。用户可以根据同样的方法为别墅项目中的其他构件选择现有材质或者创建适用于对应构件的新材质，这里不再赘述。

最后完成的材质的赋予如图 4-85 所示。

（2）渲染设置及渲染　在给别墅相应的模型构件都指定了材质之后，就可以进行相关的渲染设置了，一般在渲染之前，需要先通过创建相机透视图来生成渲染场景。

首先在左侧"项目浏览器"中打开"楼层平面：F1"标高平面视图，单击"视图"选项卡下"三维视图"下拉列表中的"相机"按钮，移动鼠标至绘图区域，左键单击放置相机视点，移动鼠标在此单击左键放置视点深度。如图 4-86 所示。

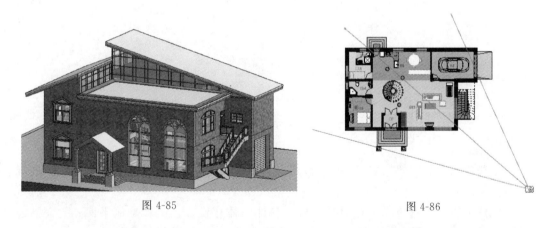

图 4-85　　　　　　　　　　　　　　　　　　图 4-86

这时，会转到刚刚所创建的相机视角视图界面，可以结合键盘"Shift"键和鼠标滚轮来调整相机的视角和方向。如图 4-87 所示。

单击"视图"选项卡下"演示视图"面板中的"渲染"按钮，打开"渲染"对话

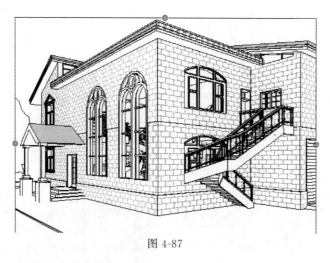

图 4-87

框。可以在这里对刚才所创建的渲染场景进行相关的渲染设置，如图 4-88 所示。

用户可以根据相关出图要求，进行相关渲染的设置，完成设置后，单击对话框中的"渲染"即可进行渲染，并弹出"渲染进度"工具条，显示渲染进度。在渲染过程中可随时单击"停止"按钮结束渲染。如图 4-89 所示。

图 4-88

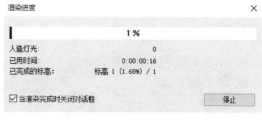

图 4-89

渲染完成后最终效果如图 4-90 所示。用户可根据需要自行创建其他相机视角进行相关渲染练习。

完成渲染后，就完成了对别墅项目的整体一体化设计，不管是从平面、立面、剖面，以及到最后的效果图渲染，Revit 都能够提供非常大的便利和帮助。Revit 可对读者的课程设计进行全程辅导，可大大提高读者的学习效率，以及 BIM 思维的培养。

在设计过程中，对于 BIM 的应用其实不单单是学会 Revit 这一软件操作这么简单，

图 4-90

还可以借助相关图像处理软件，如 Photoshop、CAD、3ds MAX 等相关软件，来让读者的课程设计能够达到更好的效果。

4.2 住宅楼建筑设计方案

4.2.1 设计任务书

4.2.1.1 建设地点

某城市，多层住宅建筑方案设计，南北方均可，小区中的一栋多层住宅，地段自拟，注意与其他住宅的间距。

4.2.1.2 建设标准（面积可上下浮动 5％）

建筑面积：小套 $45\sim65\mathrm{m}^2$；

中套 $75\sim90\mathrm{m}^2$；

大套 $100\sim120\mathrm{m}^2$。

套型比：大套 25％左右；

中套 50％左右；

小套 25％左右。

组合体长度：3～4 个单元。

4.2.1.3 设计要求

① 平面类型不限，要求独门独户，居室大小搭配合理，每套应至少有一居室有好朝向（南）。

② 有上、下水设施，若为北方要有集中采暖。

③ 面积要求：

厨房不小于 $5m^2$，按使用管道煤气设计。

卫生间设三件洁具，面积不小于 $3m^2$。

设两个居室以上时宜大小搭配，最小居室不小于 $8m^2$。

④ 每户应有储藏设施，不少于一处。

⑤ 每户设生活阳台及服务阳台各一（共两个阳台）。

⑥ 开间尺寸不宜多于 3 个，进深尺寸不宜多于 3 个。

4.2.1.4 层数及层高

层数：不超过六层。

层高：2.8m。

4.2.1.5 图纸要求

（1）单元平面图　1：（50～100）（画出不同单元平面图及室内家具设备布置。不少于 3 个）

（2）组合平面图　1：（100～200）

（3）组合体立面图　1：（100～200）（2 个，1 正 1 侧）

（4）组合体剖面图　1：（100～200）（1 个）

（5）室外透视图　（1～3 个）

（6）设计说明　略

（7）技术经济指标　套内建筑面积＝套内使用面积＋套内墙体面积＋阳台建筑面积。

表 4-2

指标 \ 户型	A	B	C
套内建筑面积			
套内使用面积			
套内阳台面积			
住宅标准层总使用面积			
住宅标准层总建筑面积			
住宅标准层使用面积系数/%			

4.2.1.6 简短说明

电脑绘图，图纸尺寸 500mm×700mm。

4.2.2 设计构思

（1）多层住宅设计——多层住宅的垂直交通设计　与低层住宅相比，两者平面布置的要求是相同的，在布置方式上也比较一致，但是多层住宅在设计中，并不仅是将低层住宅简单的叠加，还要完美地解决上层与下层之间的垂直交通问题，解决紧急状况下人流疏散问题，在有的平面布置形式下，还需要设置公共走廊，以提供水平通道，这是多层住宅相比低层住宅的一个突出特点。从有无走廊，可将多层住宅的垂直交通形式划分为梯间式、廊道式、跃廊式。其中梯间式是指以纯楼梯来组织垂直交通，而未设走廊，这种设计形式服务的户数相对较少，受外部干扰也较小，也是目前使用最多的一种形式；廊道式，即既有走廊，又有楼梯，由楼梯来解决垂直方向上的交通问题，由走廊来提供水平方向上的联系方式，如果走廊在外侧称为外廊式，而走廊在内侧则称为内廊式，这种设计方式应用相对较少；而跃廊式，是隔层设廊，再由小楼梯通至另一层，这种设计方式在多层住宅中应用更为稀少。

（2）多层住宅设计——多层住宅的平面布置　按照多层住宅所处场地条件和委托方要求的不同，多层住宅的平面布置也可采用不同方式来进行布置，以满足不同用户的不同使用需求，一般是按交通廊的形式来布置。

交通廊，即户外交通通道，包括楼梯及一系列水平通道，主要通过这些通道来进入户内。多层住宅中，主要组合层次为：套型—单元—幢。套型是户内组合的不同形式而形成的，而单元，是指一部楼梯服务的户数，如果服务两户，则称为一梯两户，服务三户，称为一梯三户，服务四户，称为一梯四户，依此类推，通过增设水平通道，可增加楼梯的服务户数。但楼梯服务过多的户数，往往不利于紧急状态下人员的疏散，因此应更多地应用一梯两户或一梯三户的单元式住宅，这种布置形式也称为梯间式。

一梯两户，主要通过休息平台两侧进入户内，这种平面布置形式，能够确保每户均有两个朝向，既能方便地组织通风，也可方便地进行室内交通组织，并且每户都不易受打扰，较为安静，采用这种布置形式时，楼梯可布置于任意方向。一梯三户，能够更好地利用楼梯，同时每户也能够有较好的朝向，当然为避免其中一户朝向较差，在设计时，应尽量将其布置在每一幢的尽端，使侧面墙能够开窗，从而保证每户都有两个朝向。梯间式住宅，在空间组合上一般有"南梯北厨"和"北梯北厨"两种形式。"南梯北厨"，即将单元出入口与楼梯布置于南侧，而将套型内部厨房布置于北侧，以形成节约建设用地的"小面宽、大进深"的住宅形态；"北梯北厨"，则是将单元出入口与楼梯布置于北侧，而在南侧布置主卧室、起居室，而在北侧布置次卧室、书房、餐厅等，从而形成利于采光通风的"大面宽、小进深"的住宅形态。

4.2.3　BIM 应用

4.2.3.1　标高和轴网的创建

（1）创建项目文件　启动 Revit 软件后，单击左上角的"应用程序菜单"按钮，并选择"新建"→"项目"。如图 4-91 所示。

上述步骤后软件将打开"新建项目"，如图 4-92 所示，在"样板文件"中选择"建筑样板"，点击"确定"。

（2）创建标高　标高用于定义建筑内的垂直高度或楼层高度，是设计建筑效果的第一步。本实例为六层建筑，主体层高为 16.8m，每层层高 2.8m，楼内外高差为 0.45m。

① 切换至"建筑"选项卡，在"基准"面板中单击"标高"按钮，软件将打开 修改|放置 标高 。

图 4-91

图 4-92

② 双击方框内数字，输入"2.8m"，鼠标左键点击空白处或者按下"Enter"键，如图 4-93 所示。

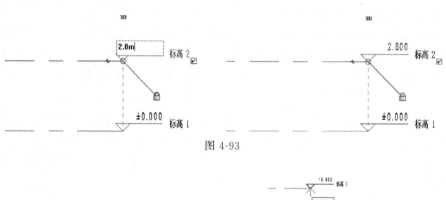

图 4-93

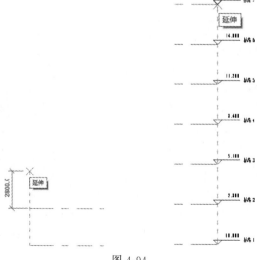

图 4-94

③ 点击 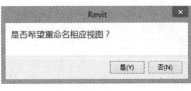 标高，将光标移动到"标高 2"左上方，点击鼠标左键，向右水平拖动鼠标，与"标高 2"对齐，重复步骤，可完成其他层标高绘制。如图 4-94 所示。

④ 将光标移动到"标高 1"左下方，创建一个标高，修改数值为"—0.450"，如图 4-95 所示。

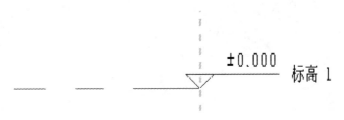

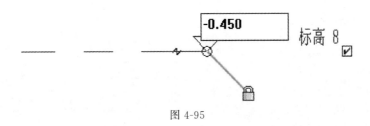

图 4-95

⑤ 双击最底端的标高名称，在打开文本框中输入"室外地坪"，并按下"Enter"键，此时，在提示框中单击"是"按钮，即可在更改标高名称的同时更改相应视图的名称，如图 4-96 所示。

⑥ 单击选择最底端的标高，在属性的选项板中选择"下标头"类型，如图 4-97 所示。

图 4-96

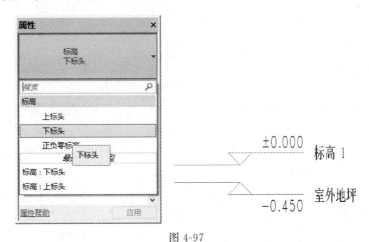

图 4-97

（3）创建轴网　在 Revit 中，轴网由定位轴线（建筑结构中的墙或柱的中心线）、标志尺寸和轴号组成。轴网是建筑制图的主题框架，建筑物的主要支承构件都将按照轴网定位排列。轴网的创建，可以更加精确地设计与放置建筑物构件。

① 在"项目浏览器"中双击"视图"→"楼层平面"→"标高 1"视图，进入标高 1 平面视图，如图 4-98 所示。

② 切换至"建筑"选项卡，在"基准"面板中单击"轴网"按钮，软件将打开 修改 | 放置 轴网 。此时，在绘图区域左下角的适当位置单击，并垂直向上移动光标，在合适位置再次单击，完成第一条轴线的创建，效果如图 4-99 所示。

图 4-98   图 4-99

③ 继续将移动光标指向现有轴线的端点，软件将自动捕捉该端点，并显示临时尺寸。此时，输入相应的尺寸参数值，并单击确定第二条轴线的起点，然后向上移动光标，确定第二条轴线的终点后再次单击，完成该轴线的绘制，效果如图 4-100 所示。

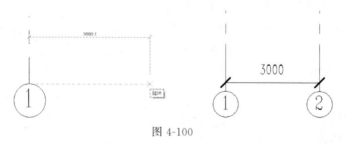

图 4-100

④ 利用上述方法，依次绘制该建筑水平方向上的各条轴线，然后依次双击各水平轴线的轴号，从左至右依次修改轴号名称。

⑤ 利用上述方法，依次绘制该建筑竖直方向上的各条轴线，然后依次双击各竖直轴线的轴号，从下至上依次修改轴号名称。至此，该建筑的所有轴线绘制完成。

4.2.3.2 墙体的创建

① 切换至 F1 楼层平面视图。在"建筑"选项卡下的"构建"面板中点击"墙"工具，选择"墙：建筑"，软件将打开 修改 | 放置 门 选项卡。

② 在"属性"面板的"类型选择器"中，选择列表中的"基本墙"族下面的"常规-200mm"型，以该类型为基础进行墙类型的编辑，如图 4-101 所示。

③ 单击"属性"面板中的"编辑类型"按钮，打开墙"类型属性"对话框。单击

该对话框中的"复制"按钮，在打开的"新名称"对话框中输入"住宅-370mm-外墙"，单击"确定"按钮为基本墙创建一个新类型，如图4-102所示。

④ 单击"结构"右侧的"编辑"按钮，打开"编辑部件"对话框。修改"结构"一栏中的"厚度"为"370.0"，如图4-103所示。

图 4-101

图 4-102

图 4-103

⑤ 以一个户型为例，首先添加外墙。将光标指向轴线①与Ⓐ相交的位置，Revit自动捕捉两者的交点，如图4-104所示。在该交点位置单击，并垂直向下移动光标至轴线⑤与Ⓒ相交的位置，重复上述过程，完成外墙的绘制。如图4-105所示。

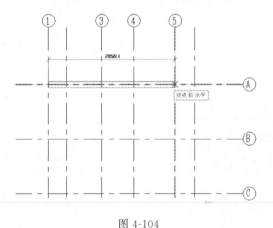
图 4-104

⑥ 接下来，是内墙的添加。与外墙步骤相同，将墙体名称改为"住宅-240mm-内墙"，墙厚改为"240.0"。参照步骤⑤完成内墙的绘制。如图4-106所示。

4.2.3.3 门的创建

① 在 F1 平面视图中，切换至"建筑"选项卡，单击"构建"面板中的"门"按钮，在打开的 修改|放置门 中选择"单扇-与墙齐 600×1800mm"。如图4-107所示。

② 完成各房间单扇门的添加。如图4-108所示。

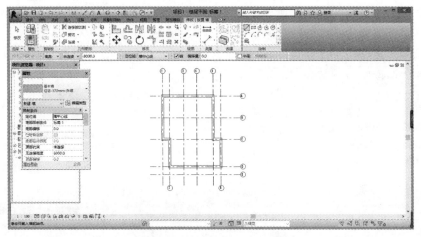

图 4-105

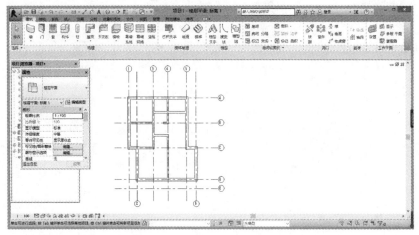

图 4-106

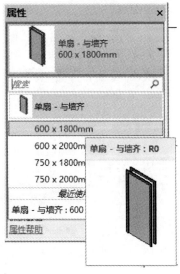

图 4-107

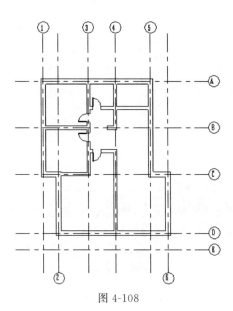

图 4-108

③ 添加厨房的推拉门，点击"属性"中"编辑类型"，然后点击"载入族"，如图 4-109 所示。选择"建筑-门-普通门-推拉门-双扇推拉门 1"，如图 4-110 所示。

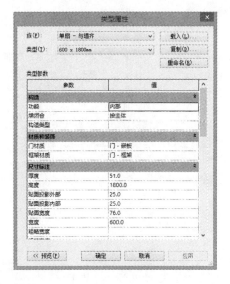

图 4-109

图 4-110

④ 重复上述过程，添加入户单扇门与阳台的推拉门。

4.2.3.4 窗的创建

① 窗的添加与门的添加步骤大致相同。选择"固定 1000×1200mm"，完成窗的绘制，如图 4-111 所示。

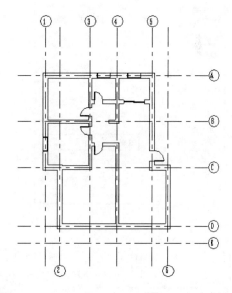

图 4-111

② 重复载入门的族的步骤，载入窗户的族，选择"凸窗-三扇固定-斜切"，添加卧室的凸窗。如图 4-112 所示。

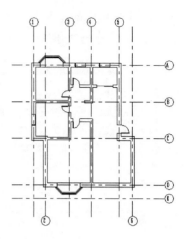

图 4-112

4.2.3.5 阳台的创建（两种类型的阳台）

（1）封闭式阳台。

① 首先添加阳台的墙体，重复上述步骤，选择"基本墙常规-200mm-实心"。如图 4-113 所示。

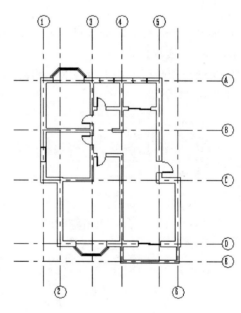

图 4-113

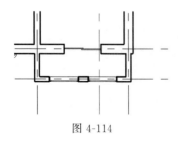

图 4-114

② 添加窗户，选择"固定-1200×1500mm"。如图 4-114 所示。

（2）半封闭式阳台

① 用栏杆扶手围合出阳台区域。在"建筑"选项卡下的"楼梯坡道"面板中点击"栏杆扶手"工具，选择"绘制路径"，软件将打开 修改|创建栏杆扶手路径 选项卡。

② 选择"栏杆扶手900mm圆管"，直线绘制路径，如图4-115所示。点击 ✓ 完成栏杆扶手的绘制。

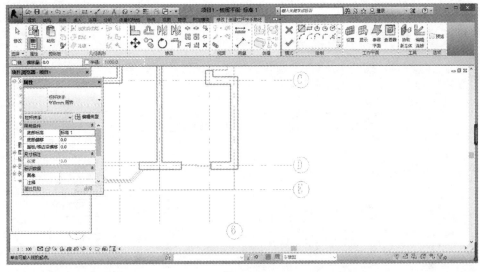

图 4-115

4.2.3.6 楼板的创建

在"建筑"选项卡下的"构建"面板中点击"楼板"工具，选择"楼板：建筑"，软件将打开 修改 | 创建楼层边界 选项卡。楼板"属性"中，选择"常规-150mm"。绘制面板选择 ，点击"建筑外墙轮廓"，完成楼板的轮廓绘制。如图4-116所示。

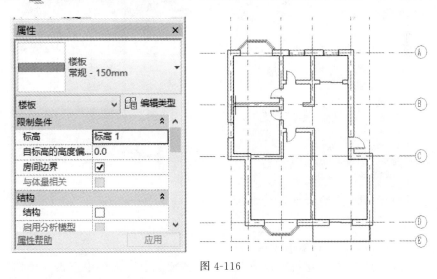

图 4-116

4.2.3.7 屋顶和楼梯洞口的创建

（1）屋顶的创建　在"建筑"选项卡下的"构建"面板中点击"屋顶"工具，选择"迹线屋顶"，软件将打开 修改 | 创建屋顶迹线 选项卡。屋顶"属性"中，选择"常规-400mm"。绘制面板选择 ，将坡度取消勾选 □定义坡度 ，点击建筑外墙轮廓，完成

屋顶的轮廓绘制。如图 4-117 所示。

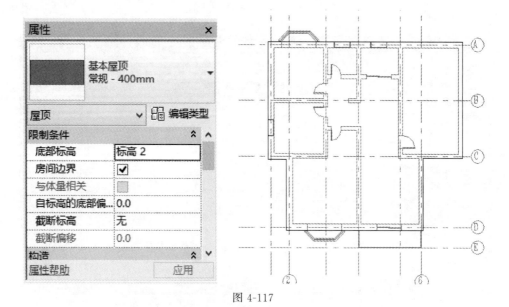

图 4-117

（2）楼梯洞口的创建　在"建筑"选项卡下的"洞口"面板中点击"竖井"工具，软件将打开 修改 | 创建竖井洞口草图 选项卡。点击▨，将洞口位置用矩形圈出。如图 4-118 所示。完成洞口绘制。

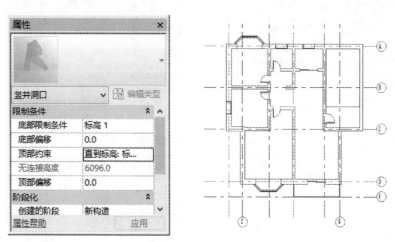

图 4-118

4.2.3.8　楼梯和室外台阶的创建

（1）楼梯的创建　在"建筑"选项卡下的"楼梯坡道"面板中点击"楼梯"工具，选择"楼梯（按构件）"，软件将打开 修改 | 创建楼梯 选项卡。

在"属性"面板中"底部标高"选择"标高 1"，"顶部标高"选择"标高 2"。如图 4-119 所示。

在"楼梯绘制"面板中选择 梯段 ，按照以下步骤完成楼梯的绘制。如图 4-120 所示。

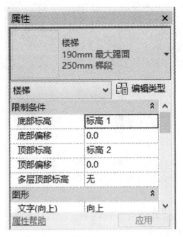

图 4-119

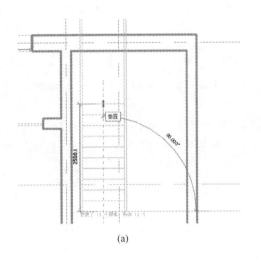

(a)

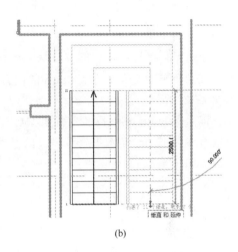

(b)

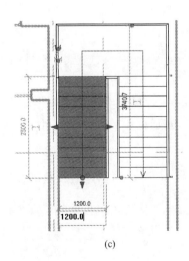

(c)

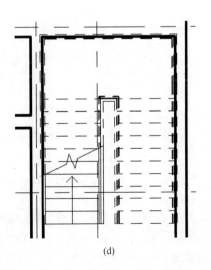

(d)

图 4-120

（2）室外台阶的创建　单击"应用程序菜单"按钮 ![icon]，选择"新建-族"选项，打开"新族-选择样板文件"对话框，选择"公制轮廓"族样板文件，如图 4-121 所示。

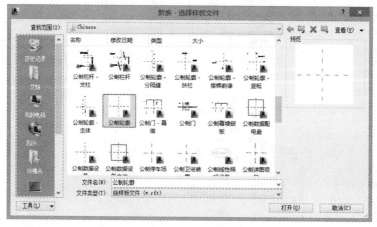

图 4-121

单击"详图"面板中的"直线"按钮 ![icon]，切换至"修改|放置：线"上下文选项卡中。在参照平面交点下方 150mm 的位置作为起点单击，水平向右移动 300mm 并单击，如图 4-122 所示。

以水平 300mm 的长度、高度 150mm 的高度连续绘制直线段第三个阶段后，向右至垂直参考平面绘制水平直线段，向上垂直至参考平面交点绘制垂直直线段，形成封闭轮廓，如图 4-123。

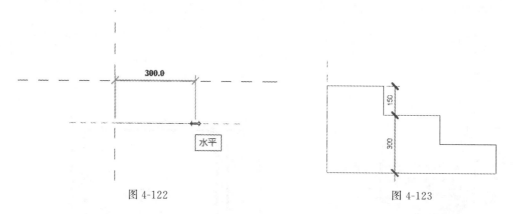

图 4-122　　　　　　　　　　　　　　　　　图 4-123

完成之后单击"保存"按钮，在打开的"另存为"对话框中，保存族文件为"4 级室外台阶轮廓"，如图 4-124 所示。

单击"族编辑器"面板中的"载入到项目"按钮 ![icon]，将刚刚创建的族轮廓文件载入已经打开的项目文件中，并切换至该项目文件中。选择"楼板：楼板边"工具，打开"类型属性"对话框，复制类型为"住宅-4 级室外台阶"，设置"轮廓"参数为"4 级室外台阶轮廓：4 级室外台阶轮廓"。如图 4-125 所示。

关闭对话框后，切换至默认三维视图。将光标指向正门楼板上边缘线并单击，按指

图 4-124

定的轮廓形成新的楼板边缘，作为室外台阶的踏步，如图 4-126 所示。

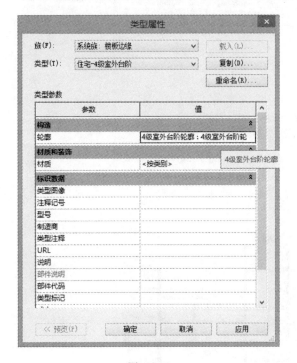

图 4-125

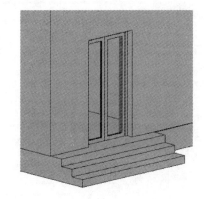

图 4-126

4.2.3.9 室内构件放置与房间标注

（1）放置室内配件 在"插入"选项卡中，单击"从库中载入"面板中的"载入族"按钮，打开"载入族"对话框。在该对话框中依次将"建筑""家具""3D""桌椅""桌椅组合"文件夹中的"西餐桌椅组合"，族文件载入项目中，如图 4-127 所示。

参照以上步骤将室内需要的各种构件载入族，如图 4-128 中所示类型家具。

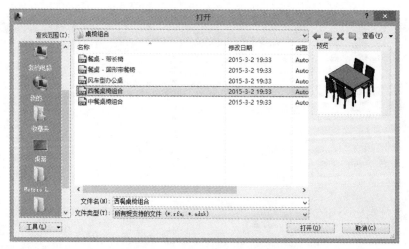

图 4-127

图 4-128

各种类型家具放置完成的效果，如下图 4-129 所示。

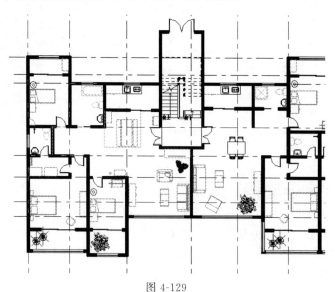

图 4-129

（2）房间标注　在"建筑"选项卡下的"房间和面积"面板中点击"房间分隔"工具，软件将打开 修改 | 放置 房间分隔 选项卡。点击"绘制"面板中的矩形 按钮，框出房间轮廓。如图 4-130 所示。

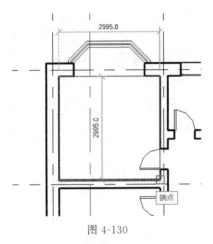

图 4-130

重复上述步骤，将其他房间进行分隔。

在"注释"选项卡下的"标记"面板中点击"房间标记"工具，软件将打开 修改 | 放置 房间标记 选项卡。

家具放置与房间标注完成后，如下图 4-131 所示（该图为一个单元拼接之后的平面图）。

图 4-131

上述几个步骤为一个户型的创建过程。户型拼接与单元拼接则是重复上述步骤，可根据自己的设计进行添加墙体等构件。

以下是建造一栋三个单元一梯两户的多层住宅，平面图如图 4-132 所示，三维视图如图 4-133 所示。

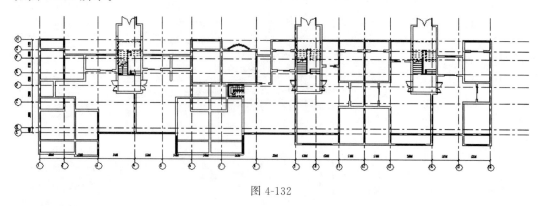

图 4-132

图 4-133

4.2.3.10　效果图与排版图

将文件导入软件 Skech Up 中布置场地。再导入软件 Lumion 中布置景观。最后形成的效果图如图 4-134 所示。

图 4-134

再将所有图片导入到 Photoshop 中，形成排版图，如图 4-135～图 4-137 所示。

图 4-135

多层住宅建筑方案设计
——三单元六层

三单元户型拼接

售卖策划

中小的搭配，若是一起售卖可以供夫妻及老人选择。中户型为两室两厅一卫，是三口之家的优质选择。小户型为两室一厅一卫，可主推收入较低的工薪三口家庭，满足居住需求条件下，又可支付的起。也可供年轻夫妻选择，创业初期的年轻人的栖身之所，次卧可供老人居住也可当客房。

设计说明：

该项目周边有大型交通站点、商场以及购物中心，交通极其便利。项目区内住宅与绿化环境设计比例协调，适合当今住宅市场的新潮流，区内绿意盎然，附设大型地下车库，带给住客优美的居住环境及清新的空气。主要卖点：位于商业中心，旺中带静；绿化环境优美。辅卖点：智能化家居管理系统，和谐、人性化的社区文化。

三单元平面图 1:100

指标 \ 户型	A	B	C	D	E
套内建筑面积	95.23㎡	125.95㎡	120.58㎡	69.05㎡	68.66㎡
套内使用面积	76.13㎡	103.15㎡	101.92㎡	57.47㎡	56.85㎡
套内阳台面积	8.13㎡	7.62㎡	8.13㎡	6.16㎡	7.99㎡

住宅标准层总使用面积	512.23㎡
住宅标准层总建筑面积	614.56㎡
住宅标准层使用面积系数	83.34%

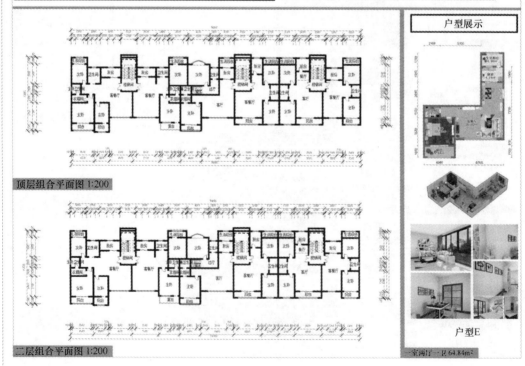

顶层组合平面图 1:200

二层组合平面图 1:200

户型展示

户型E

室两厅一卫 64.84㎡

图 4-136

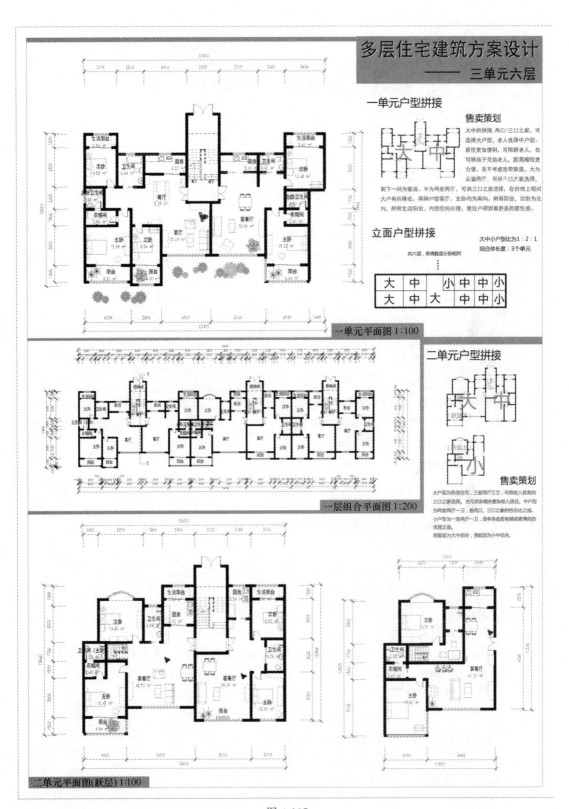

图 4-137

4.3 博物馆建筑设计方案

4.3.1 设计任务书

4.3.1.1 目的

学习和掌握功能复杂、技术性强、艺术性较高的博物馆建筑的设计原理和方法，提高对于功能及流线复杂公共建筑的设计分析能力和艺术性较强建筑的空间与造型处理能力和解决问题的能力。

4.3.1.2 项目名称

博物馆建筑设计。

4.3.1.3 建设地点

中国某历史文化名城。

4.3.1.4 项目概述

某历史文化名城，原有博物馆规模和设施都已跟不上时代发展的需要。为了弘扬中华民族几千年的文明史，丰富市民的文化生活，经政府研究决定，易地另建博物馆新馆。新馆规模控制在 $18000m^2$。

4.3.1.5 用地概况

该项目地处该市规划的文化中心区中心广场东侧，该地段东临城市干道（宽48m），其余三面为中心广场道路（宽皆为36m）。地段南面隔路为城市绿化带，西面隔路为中心广场，北面隔路为规划新华书店，东面隔路为高层建筑。该地段地势平坦。

4.3.1.6 规划设计要求

① 规划建筑退让东西两侧道路红线各不得小于25m，退让南侧道路红线不得小于12m，退让北侧道路红线不得小于8m。

② 建筑覆盖率不大于40%。

③ 规划建筑高度不得大于18m。

④ 规划布局应与中心广场相对话。应充分考虑博物馆不同出入口与城市环境的有机关系。组织好室外广场的人流与车流以及机动车与非机动车的停放。

⑤ 满足无障碍设计要求。

⑥ 配建停车位控制指标：

机动车泊位：不少于 2 辆/$1000m^2$ 建筑面积；

自行车泊位：不少于 50 辆/$1000m^2$ 建筑面积。

4.3.1.7 建筑组成及设计要求

（1）展览区

① 地方历史陈列厅 $1300m^2$。

② 特色文化陈列厅 $800m^2$ ；

③ 珠宝玉器陈列厅 $500m^2$ ；

④ 陶瓷器陈列厅 $500m^2$ ；

⑤ 石刻造像陈列厅 $500m^2$ ；

⑥ 民间艺术陈列厅 $500m^2$ ；

⑦ 临时展览厅 $500m^2$ 、 $800m^2$ 各两个，各含展具储藏间；

⑧ 展厅值班室 $30m^2$ ；

⑨ 讲解员休息室 $30m^2$ ；

⑩ 多功能报告厅 $800m^2$ 。

（2）服务区

① 商店 $200m^2$ ；

② 售票处 $20m^2$ （可设在大门处）；

③ 门卫 $20m^2$ （可设在大门处）；

④ 快餐厅（含厨房） $400m^2$ ；

⑤ 咖啡厅 $100m^2$ ；

⑥ 水吧 $100m^2$ ；

⑦ 休息空间面积自定。

（3）文物库房区

① 文物库 $8×200m^2$ ；

② 珍品库 $2×200m^2$ ；

③ 保管部 $30m^2$ ；

④ 监控室 $60m^2$ ；

⑤ 文物科技保护中心 $5×60m^2$ 。

（4）行政办公区

① 馆长室 $2×20m^2$ （含接待）；

② 副馆长室 $40m^2$ ；

③ 党支部 $20m^2$ ；

④ 小会议室 $40m^2$ ；

⑤ 中会议室 $80m^2$ ；

⑥ 财务室 $20m^2$ ；

⑦ 文印室 $20m^2$ ；

⑧ 行政办公室 $4×20m^2$ ；

⑨ 保卫科 $20m^2$ ；

⑩ 行政库房 $2×40m^2$ 。

（5）业务工作区

① 陈列部 $100m^2$ ；

② 研究部 $30m^2$ ；

③ 计算机信息中心 $100m^2$ ；

④ 图书资料中心 $300m^2$ 。

（6）其他　面积自定。包括各功能区的水平与垂直交通面积，公共空间、卫生间等。

4.3.1.8　图纸要求

（1）要求　功能合理，技术先进，造型新颖，与地域和用地环境适宜。

（2）内容

① 总平面图：1∶（500～1000）。

② 各层平面图：1∶200。

③ 主要立面图：不少于两个，1∶200。

④ 剖面图：1～2 个，1∶200。

⑤ 建筑效果图。

⑥ 设计说明：说明设计构思、方案特点等。

⑦ 技术经济指标：总建筑面积、建筑用地面积、容积率。

（3）图纸要求　电脑绘图，图幅大小为 500mm×700mm。

4.3.1.9　地形图（图 4-138）

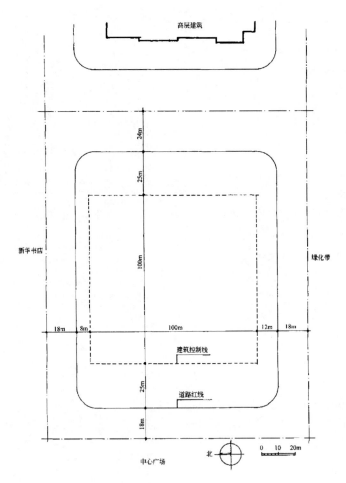

博物馆设计地形图 1∶1000

图 4-138

4.3.2 任务书解读

博物馆是征集、典藏、陈列和研究代表自然和人类文化遗产的实物的场所，并对那些有科学性、历史性或者艺术价值的物品进行分类，为公众提供知识、教育和欣赏的文化教育的机构、建筑物、地点或者社会公共机构。

博物馆是非营利的永久性机构，对公众开放，为社会发展提供服务，以学习、教育、娱乐为目的。

根据任务书的要求，可以知道，所要设计的博物馆是一座历史民俗博物馆，任务书给定了地形图以及用地范围，但没有给出具体地理位置，给了很大的自由发挥空间，因此可以自己选定地理位置，可以选择自己熟悉的历史文化名城或者是自己喜欢的感兴趣的历史文化区。这样可以让设计更加多样化，建筑风格更丰富。

任务书已经划分好了功能分区，共有五个分区，展览区、服务区、行政办公区、文物库房区和业务工作区，并且对每个区域的各个功能用房的面积作出了规定，在设计过程中的一个重要难点就是处理好各功能区之间的关系，设计出布局合理、流线清晰的作品。

任务书中对场地布置有一定要求，但要求不多，可自由发挥的空间也很大，所以在设计过程中不能只注重建筑形体的设计，还要对建筑周围的空间有所把控，将建筑与周围空间结合起来，整体设计。

任务书对设计方案的出图也作了要求，图纸的大小、比例、个数等都属于硬性要求，不能缺少，也不能私自变更比例。在出图时，要做好版面设计，一个美观的排版会为设计加分。

4.3.3 设计前调研准备

在进行设计前一定要做好充足的准备，了解和掌握博物馆的结构、流线，各功能区怎样布置才能做到互不影响。对于博物馆参观是观众的最主要活动，而且博物馆的参观是动态的观众参观相对静止的展品，因此陈列区或展览区的设计离不开参观活动的这一特点，也就是说设计时要组织好合理的参观流线，避免迂回、重复、堵塞、交叉；要控制展出的灵活性，可以全部展出亦可以局部展出；参观路线还要具有可选择性，使观众能够选择自己喜欢的展品进行参观；适当布置休息场所，使观众视觉得到停顿，体力得到恢复，不至疲劳。

此外，还应了解规范规定，因为不同的建筑类型的防火、排水、供电、结构等要求是不同的，一定要查阅相应的设计规范。要对规范进行深入解读，将规范的文字要求在图纸上表现出来，这样可以更加直观地理解规范地规定，便于进行设计。本设计主要参考《建筑设计防火规范［2018 版］》《博物馆建筑设计规范》，规范中对博物馆的层高、面积、疏散距离等都做了具体要求，要重点处理防火分区与安全疏散，满足其规定。此过程能够帮助设计者掌握查阅和分析规范规定的能力，对以后的设计都有帮助。

在查阅相关资料的同时，还要进行案例分析，查找优秀的设计方案进行学习，学习藏品流线和参观人员流线的处理手法，以及大空间展览区的布局艺术。学习著名方案可以开阔眼界，使作品更加新颖。学习优秀设计方案还可以接触到建筑理论与实际结合的例子，在做设计时也要将所学的理论知识融入进去，学以致用才是目的。

实地的参观考察也很有必要。到已建成的博物馆参观，可以更加直观地感受空间的变化，切身体会参观流线的走向。实地参观可以让设计者更好地把握设计过程中的尺度感，对空间、距离、高低有所把控。

收集选定的项目地点的资料，例如项目地点的历史文化脉络、当地的风俗传统、当地的气候特点、有无特定的防灾要求以及当地的建筑风格形式等，任何一个设计都是与它所在的环境密不可分的，目标是让设计方案既能与周围环境相协调又能突出于所处环境。

将一切准备工作做好之后我们就可以构思自己的设计了。

4.3.4 设计构思

首先，根据任务书的要求选定项目地点，如前文提到的，本设计选择了设计者相对熟悉的地点及历史文化——吉林省某市高句丽文化遗址。高句丽是公元前 37 年～公元 668 年东北地区出现的一个边疆民族，其王城遗址就在该市境内，有很多著名景点，该市也因此成为了一个旅游城市。

选定项目地点之后就要对设计进行思考，确定设计立意。在确定设计立意时推荐采取思维导图的方法，把前期调研收集的资料整理一下，将自己的设计意向和自己的想法写出来或画出来，利用思维导图的模式将这些分散的资料进行整合，最后得出设计立意。下面是本案例的思维导图。如图 4-139 所示（思维导图的制作可以选择制作软件进行制作，也可以选择在线制作然后保存到本地）。

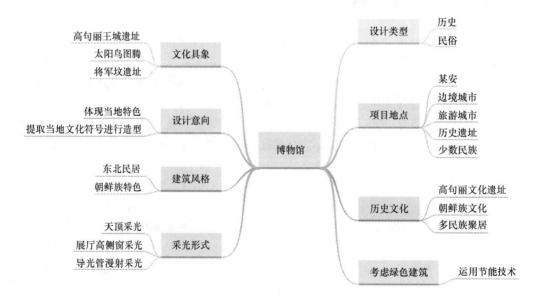

图 4-139

经过思维导图的创建，在本案例中提出"高丽遗风"的设计立意，意在展示当地的高句丽文化，建筑主体体现王城遗址的庄严，平面布局方面以方形为主，在立面上融入当地特色。确定好设计立意后就可以画设计草图了，然后按照最终确定的设计草图进行Revit项目制作。

4.3.5　设计过程

4.3.5.1　标高和轴网的创建

（1）创建项目文件　打开 Revit 软件后可以看见"项目"选项下的"新建"选项，如图 4-140 所示。

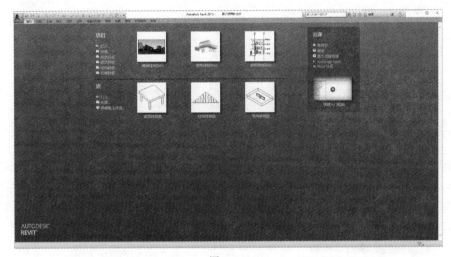

图 4-140

图 4-141

在这里单击"新建"选项，"样板文件"选择"建筑样板"，如图 141 所示，点击"确定"按钮。

（2）创建标高　标高用于定义建筑内的垂直高度或楼层高度，是设计建筑效果的第一步。本案例建筑高度为 16.8m，建筑层数为 3层。切换至"建筑"选项卡，在"基准"面板中单击"标高"，如图4-142 所示，Revit 将打开"放置标高"界面，如图 4-143 所示。

图 4-142

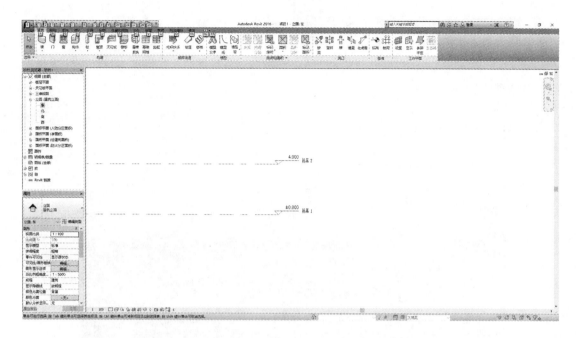

图 4-143

　　放置标高的操作要在立面中进行。在"项目浏览器"中打开一个立面，在立面中编辑标高，在绘图区可以看到 Revit 给定了两条标高，所以要对其进行修改。双击数字，在对话框中输入"5.400"，完成对一层标高的绘制，双击"标高 2"在对话框中输入"2F"，如图 4-144 所示。

　　输入完毕后按"Enter"键，并在出现的对话框中单击"是"，如图 4-145 所示。

图 4-144　　　　　　　　　　　　　　　　　　图 4-145

　　点击"建筑"选项中"基准"面板中的　，将光标移动到"2F"的上方，向右移动鼠标与"2F"对齐，重复上述操作，将整个建筑的标高绘制出来，如图 4-146 所示。

　　此时会发现在"项目浏览器""楼层平面"菜单中并没有创建的楼层平面，切换至"视图"选项卡，单击"平面视图"按钮，如图 4-147 所示。

　　单击"楼层平面"按钮选中"所有楼层平面"，如图 4-148 所示，点击"确定"按钮。

　　(3) 创建轴网　在"项目浏览器"中双击"视图（全部）"→"楼层"→"1F"视图，进入"标高 1"平面视图，如图 4-149 所示。

图 4-146

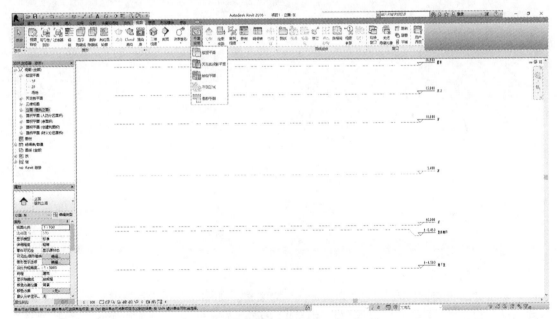

图 4-147

切换至"建筑"选项卡,在"基准"面板中点击"轴网",Revit 将打开"放置轴网"界面,如图 4-150 所示。

此时在绘图区的适当位置单击鼠标左键,向上移动光标到适当位置再次单击鼠标左键,完成第一条轴网的绘制。接下来根据自己的习惯对轴线的形式进行编辑,单击之前创建的轴线,在绘图区的左侧"属性"浏览器中会显示此轴线属性,如图 4-151 所示。

图 4-148

图 4-149

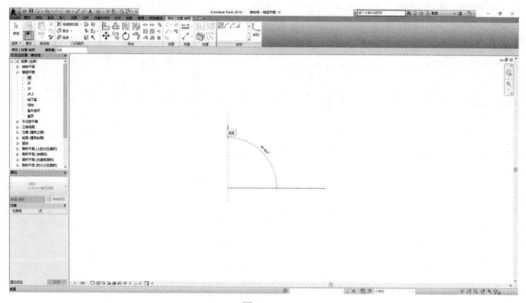

图 4-150

点击"编辑类型"会弹出"类型属性"对话框，如图 4-152 所示，然后勾选"平面视图轴号端点 2（默认）"，将"轴线中段"选择"连续"。如图 4-153 所示，单击"确定"完成编辑。

继续将移动光标指向现有轴线的端点，软件将自动捕捉该端点，并显示临时尺寸。此时，输入相应的尺寸参数值，并单击确定第二条轴线的起点，然后向上移动光标，确定第二条轴线的终点后再次单击，完成该轴线的绘制，如图 4-154 所示。

重复上述步骤，将整个轴网绘制出来，如图 4-155 所示。

然后依次双击各竖直轴线的轴号，从下至上依次修改轴号名称，如图 4-156 所示。至此，该建筑的所有轴线绘制完成。

图 4-151

图 4-152

图 4-153

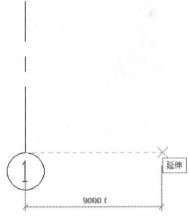

图 4-154

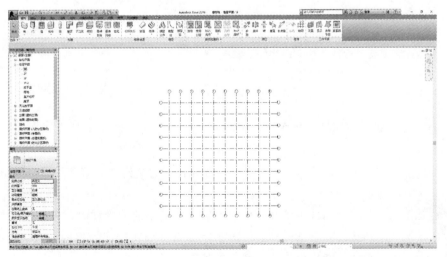

图 4-155

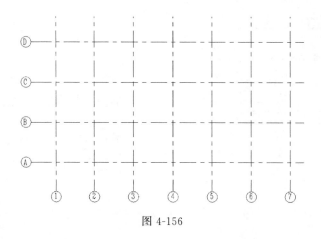

图 4-156

4.3.5.2 梁和柱的创建

（1）柱的创建 柱和梁是建筑的承重构件，在创建柱的时候，要根据所掌握的建筑结构的知识选择合适尺寸的柱和梁。柱的放置位置根据建立的轴网确定。

打开"结构"选项卡，在"结构"面板中单击"柱"，然后将光标移动至轴线交点上，单击鼠标左键放置结构柱，如图 4-157 所示。

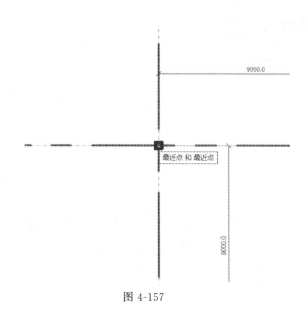

图 4-157

注意，在放置结构柱时，要在绘图区左上角的"深度"选项切换成"高度"选项，如图 4-158 所示。

图 4-158

可以在"属性浏览器"中选择合适的结构柱类型和尺寸，如图 4-159所示。

当"属性浏览器"中没有需要的类型的结构柱时，就需要从族库中手动载入一个结构柱族。点击"编辑类型"按钮，如图 4-160 所示，在出现的对话框中点击"载入"按钮。

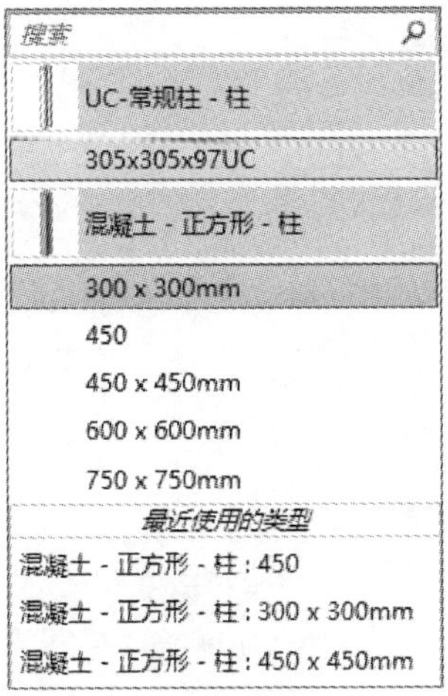

图 4-159 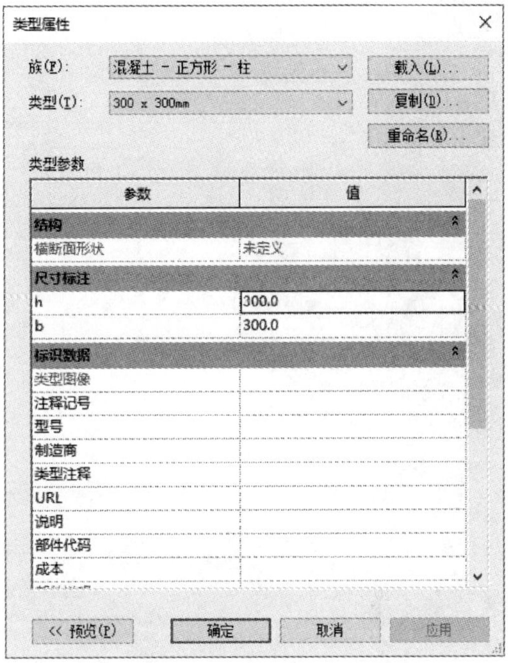   图 4-160

选择"结构"文件夹,如图 4-161 所示。

图 4-161

选择"柱"文件夹,如图 4-162 所示。

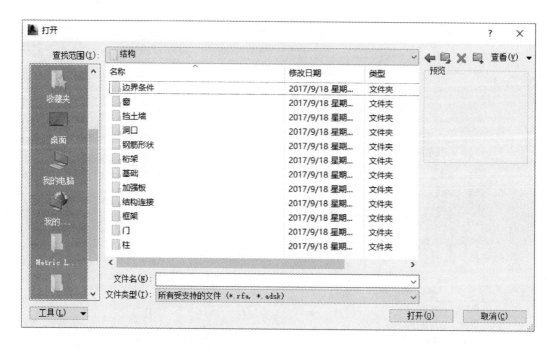

图 4-162

可以看到在此文件夹下有多种材质的结构柱，可以根据需要选择不同材质的结构柱，在这里选择"混凝土"文件夹，如图 4-163 所示。

图 4-163

打开"混凝土"文件夹，选择"混凝土-正方形-柱"，如图 4-164 所示。

图 4-164

至此，就得到了需要的结构柱，在轴网的指定位置单击鼠标左键，将结构柱依次放好。

但是这种放置结构柱的方法比较麻烦，此外还有更加简便的方法。同样地，点击"结构"选项卡下的"结构"面板中的"柱"选项，此时不再到绘图区放置结构柱了，将光标移动到面板上，点击"多个"面板中的"在轴网处"，如图 4-165 所示。

图 4-165

选中轴网，点击面板上的"完成"按钮，可以看到在所有轴网的交点处都放置了结构柱，如图 4-166 所示。

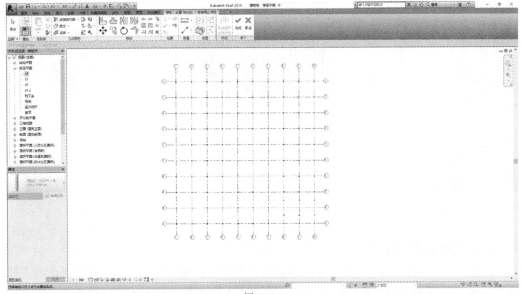

图 4-166

由于本方案设有中庭，中庭部分不需要结构柱，所以要删除不需要的结构柱，如图4-167所示，然后再根据结构柱的位置调整结构柱的顶部和底部标高，如图4-168所示。

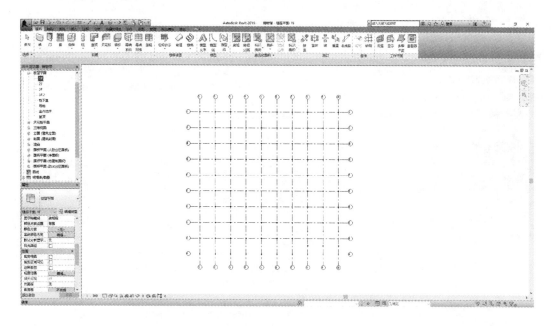

图 4-167

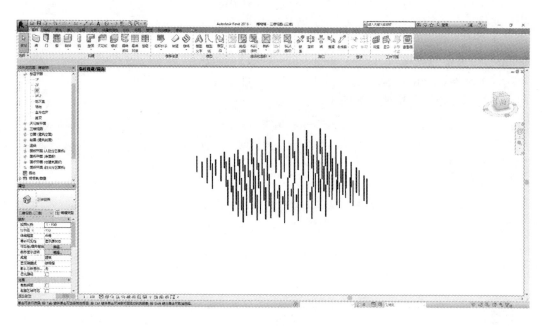

图 4-168

（2）梁的创建　创建好柱之后在柱的基础上创建梁，选择"结构"选项卡"梁"选项，单击"梁"按钮，如图4-169所示，选择"混凝土-矩形梁"，如果属性浏览器中没有需要的梁，就需要手动载入族，与在族库中载入结构柱的操作相同，此处不再重复。

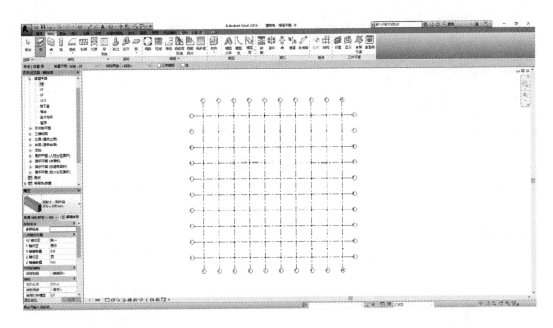

图 4-169

在"选项栏"中"放置平面选项"选择"2F"，将鼠标移动到绘图区，以一根结构柱为起点，拖动鼠标至结束位置，完成一根梁的创建，如图 4-170 所示。由于视图范围的原因在平面上看不到创建完成的梁，检查梁的位置是否放置正确可以将视图切换到三维视图：单击"快速访问栏"中的"默认三维视图"按钮，如图 4-171 所示，这样就看到了创建完成的梁的位置。

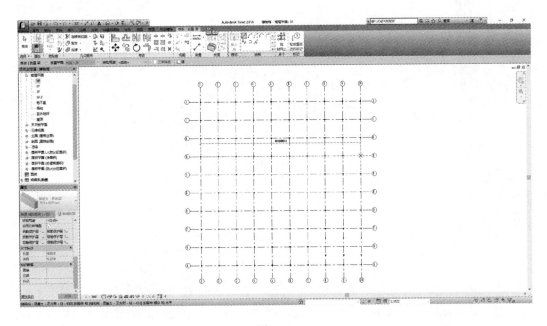

图 4-170

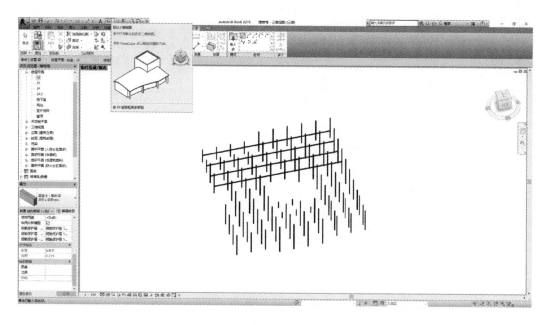

图 4-171

按上述方法将一层中所有梁都创建出来，如图 4-172 所示，由于本案例在结构上梁有悬挑，所以需要调整梁的悬挑长度，只需点击梁的尽端进行拉伸就可完成，调整之后的梁如图 4-173 所示。利用同样的方法将二层、三层以及地下室的梁创建出来。

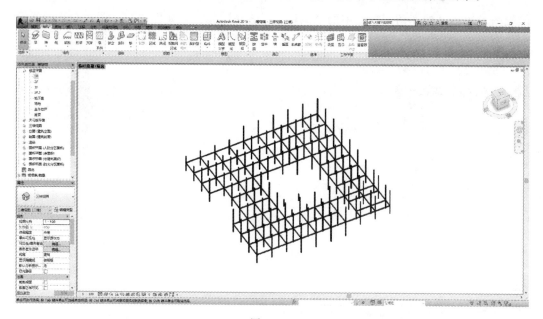

图 4-172

当创建好一层的梁之后，如果二层的梁与一层的梁位置相同，就可以进行对于梁的楼层复制，具体做法是选中一层所有的梁，单击"修改"面板中的"复制到剪贴板"按钮，如图 4-174 所示。

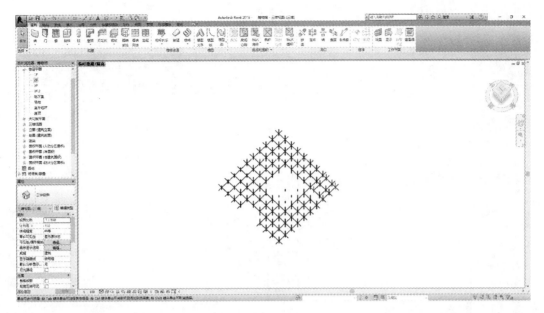

图 4-173

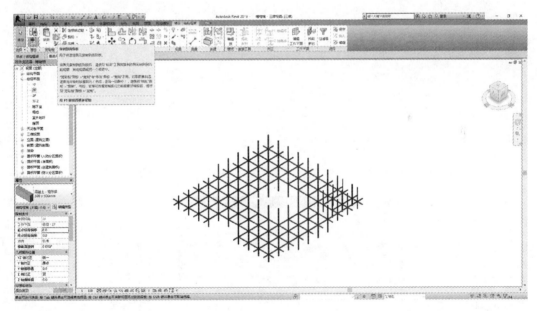

图 4-174

然后单击旁边的"粘贴"按钮的下拉键,选择"与选定的标高对齐"按钮,如图 4-175 所示。

然后选择"3F",单击"确定"按钮,如图 4-176 所示。这里之所以不选择"2F",是因为之前创建的一层的梁的标高是"2F",所以二层的梁的标高是"3F",如果选择复制到"2F",会与之前创建的梁重合。至此就将本项目的梁柱结构创建完成了,如图 4-177 所示。

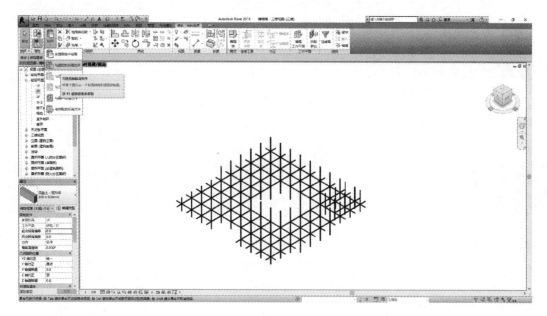

图 4-175

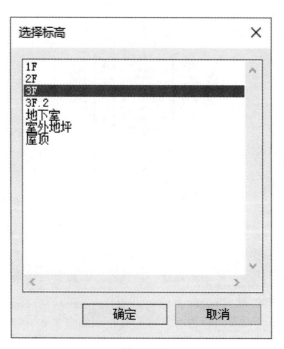

图 4-176

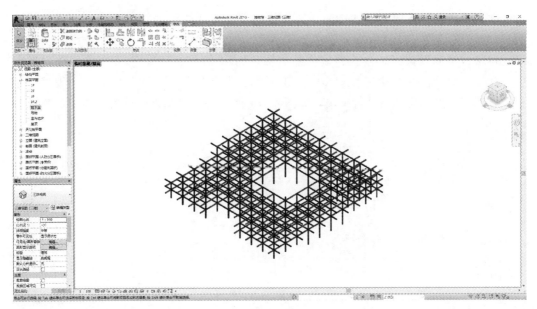

图 4-177

4.3.5.3 墙体的创建

墙体是建筑物的承重结构或围合结构,本案例为框架结构,因此墙体主要起围合作用。

首先,打开"项目浏览器"中"楼层平面"中的"1F"平面,在此平面中有之前创建的轴网以及结构柱,就在轴网上创建本案例的墙体。由于之前创建的轴网是跟随柱网的,在梁悬挑的部分没有轴网,所以要在创建墙体的部分补充上一条轴线,也可以利用"参照平面"绘制参照线来作为绘制墙体的参照。此处选择补充轴线,补充活动轴网如图 4-178 所示。

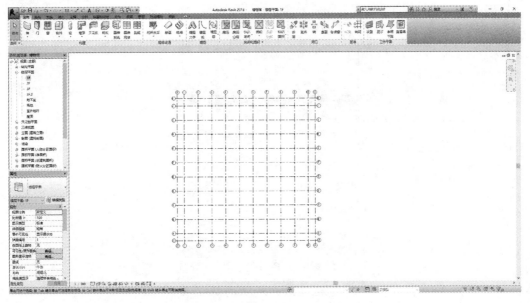

图 4-178

单击"建筑"选项卡下的"墙体"按钮，在"属性浏览器"中选择需要的墙体类型，如果没有需要的类型，单击"属性浏览器"中的"编辑类型"按钮，如图 4-179 所示，单击"复制"按钮，输入新墙体的名称，如图 4-180 所示，然后单击"确定"按钮，接着对新墙体的结构进行编辑，单击"参数类型"下"构造"栏下的"编辑"按钮，按照需要的结构类型进行编辑，如图 4-181 所示，编辑结束后单击"确定"按钮。

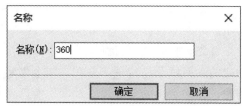

图 4-179   图 4-180

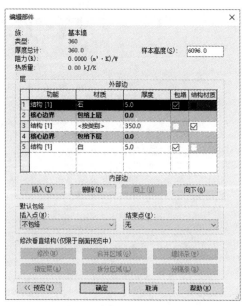

图 4-181

在绘图区选定绘制墙体的起点并单击，拖动鼠标至此段墙体的终点再次单击鼠标，完成一段墙体的绘制，如图 4-182 所示，此时会发现，继续拖动鼠标依然会有墙体出现，这就是 Revit 的方便之处，不需要用户重复下达命令。

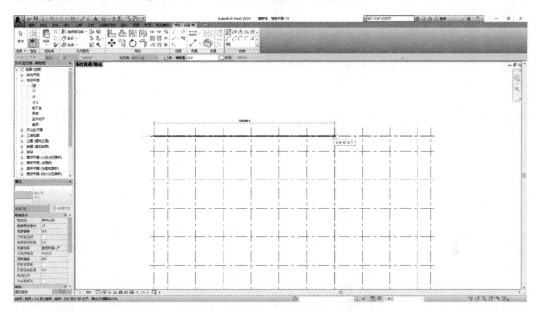

图 4-182

利用 Revit 这一特性，快速将整个一层的墙体绘制出来，如图 4-183 所示。

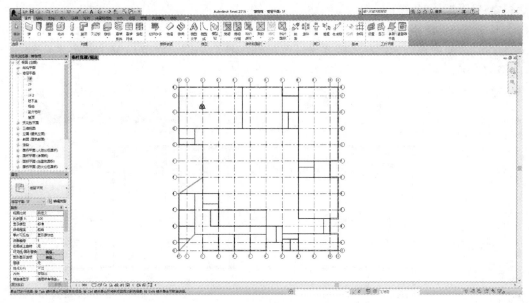

图 4-183

绘制完一层墙体后，利用同样的方法将二层、三层以及地下室的墙体都绘制出来，如图 4-184 所示。在创建二层及三层的墙体时依然可以采用之前的复制方法，将一层的墙体复制到指定标高以节省时间，这里不再重复复制操作。

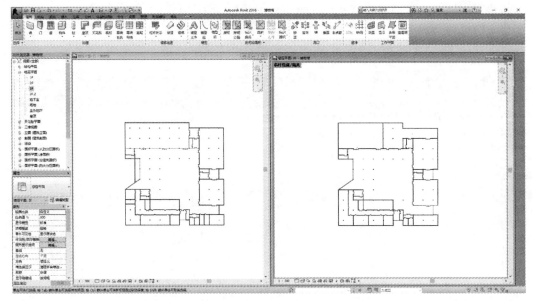

图 4-184

还可以将创建好的墙体进行"限制条件"编辑，具体做法是：单击一段墙体，在该墙体的"属性浏览器"中有"底部限制条件"→"顶部约束"选项，选择"顶部约束"到指定的标高，就可以将墙体直接连接到任意标高。

现在创建的墙体只是初步创建，后面在设计建筑物的立面造型时还要对墙体的面层、洞口等进行编辑。

4.3.5.4 门窗的创建

（1）门的创建　创建好墙体之后，就可以将各个功能房间的门窗绘制出来，Revit已经给出了常见的门、窗的族，只需在指定位置放置即可，具体操作如下。

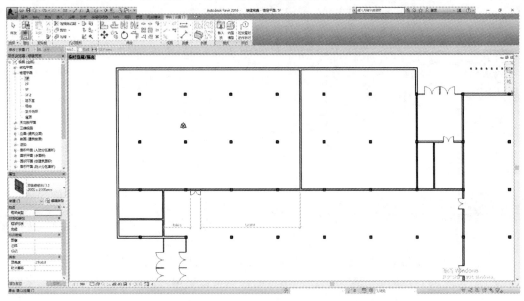

图 4-185

单击"建筑"选项卡下的"门"按钮，然后移动鼠标到指定墙体，然后单击鼠标左键放置门，如图4-185所示。

如果"门"命令中的门与需要的门类型不符，这里需要手动选择门类型。单击"属性浏览器"中"门类别"按钮，在下拉菜单中选择所需的门类型，如图4-186所示。如果下拉菜单中依然没有指定门类型，可以手动载入族，单击"插入"选项卡下"载入族"按钮，选择"建筑文件夹"下"门"文件夹，可选门类型，载入族操作与上文相同，这里不再重复操作。

重复此操作，将一层的所有门创建出来，如图4-187所示。

同样，可以利用此方法将二层、三层、地下室的门都创建出来。

（2）窗的创建　窗的作用主要是采光和通风，窗还是立面造型的重要元素，博物馆开窗由于陈列品的限制多选择人工采光，所以本案例开窗采用长条形高侧窗，以使室内光线柔和，避免光线直射陈列品。本案例中采用玻璃幕墙来充当高侧窗，单击"建筑"选项卡"墙"按钮，在"属性浏览器"中单击"墙类型"下拉箭头，选择"幕墙"，如图4-188所示。

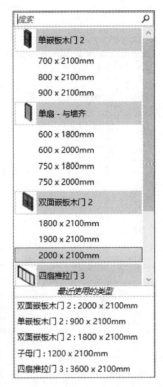

图 4-186

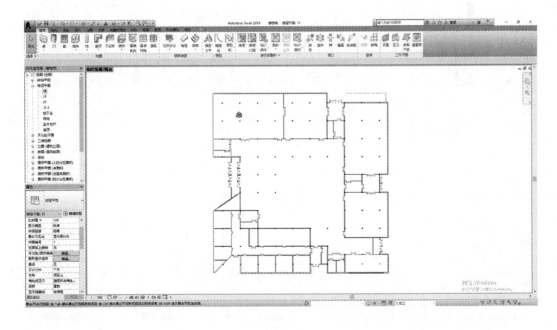

图 4-187

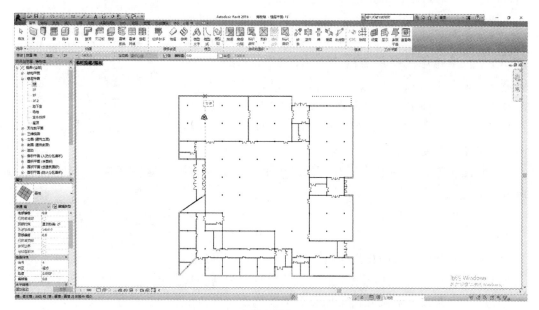

图 4-188

在墙体上选定位置，单击鼠标左键，然后拖动鼠标到结束位置，再次单击鼠标左键完成创建，如图 4-189 所示，完成创建后对所创建的幕墙进行编辑，单击"属性浏览器"中"编辑类型"按钮，然后单击"复制"按钮进行复制并命名，如图 4-190 所示，然后将"自动嵌入"选项进行勾选，继续编辑幕墙的垂直网络对幕墙的布局和间距进行编辑，这里选择固定距离"750.0"。

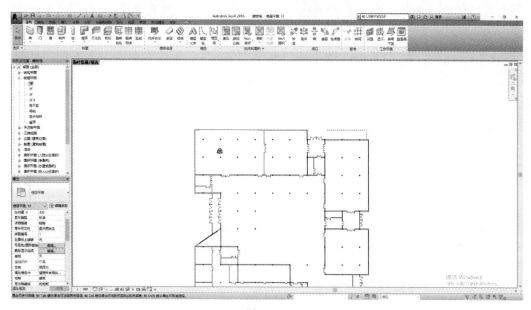

图 4-189

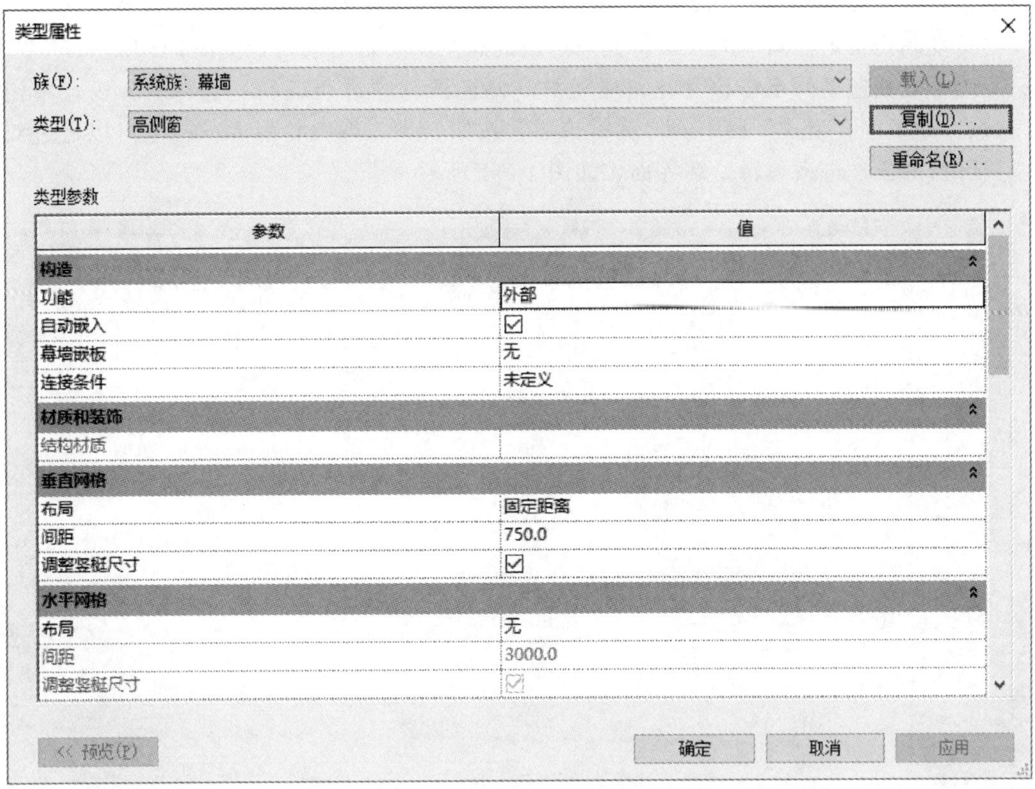

类型属性

族(F): 系统族: 幕墙

类型(T): 高侧窗

载入(L)

复制(D)...

重命名(R)...

类型参数

参数	值
构造	
功能	外部
自动嵌入	☑
幕墙嵌板	无
连接条件	未定义
材质和装饰	
结构材质	
垂直网格	
布局	固定距离
间距	750.0
调整竖梃尺寸	☑
水平网格	
布局	无
间距	3000.0
调整竖梃尺寸	☑

<< 预览(P)　　　　　　　　　　　　确定　　取消　　应用

图 4-190

编辑完成后将视图转到立面视图,单击"项目浏览器"下"立面"选项中的"北立面",打开视图,选择创建的高侧窗,在"属性浏览器"中进行编辑,将"底部限制条件"调整为"2F",将"底部偏移"调整为"－1000",将"顶部约束"调整为"无",

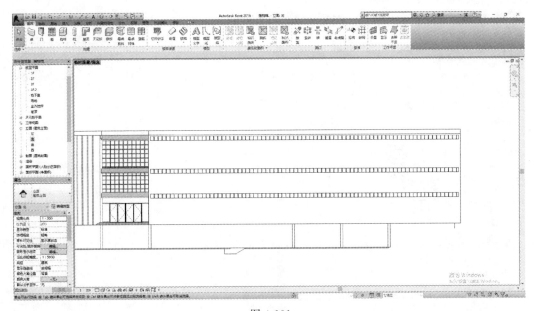

图 4-191

最后调整"无连接高度",设为"750.0",这样就调整好了高侧窗的位置,然后运用上文的"复制到指定标高"的方法将其他两层的高侧窗绘制出来,如图 4-191 所示。

为了立面造型的丰富、变化,还需对高侧窗的轮廓进行编辑:选择目标窗,单击"修改"面板中"模式"栏中的"编辑轮廓"按钮,进入编辑轮廓界面,也可以通过双击目标窗的方法进入编辑轮廓界面,如图 4-192 所示。

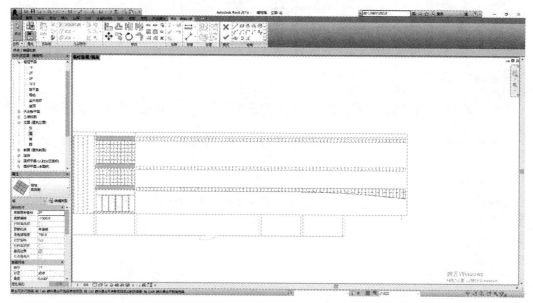

图 4-192

在"绘制"栏中选择不同的线段类型对窗的轮廓进行编辑,编辑完成后单击"模式"栏中的绿色"对号"按钮,完成编辑,如图 4-193 所示。利用同样的方法将其他几面墙的高侧窗绘制出来。

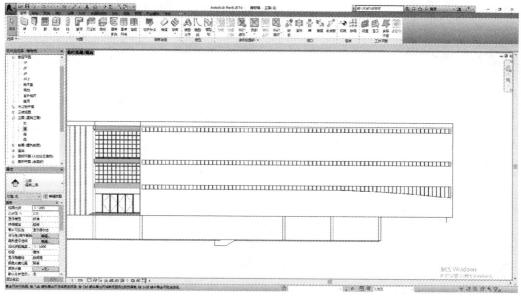

图 4-193

在出入口部分的墙体也利用幕墙来进行造型，做法与高侧窗做法相同。在出入口位置创建幕墙，单击"属性浏览器"中"编辑类型"按钮，然后单击"复制"按钮进行复制并命名为方格窗，如图 4-194 所示，将"垂直网格"和"水平网格"设为固定距离，

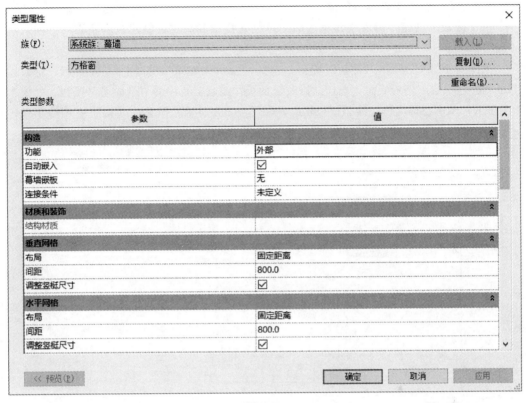

图 4-194

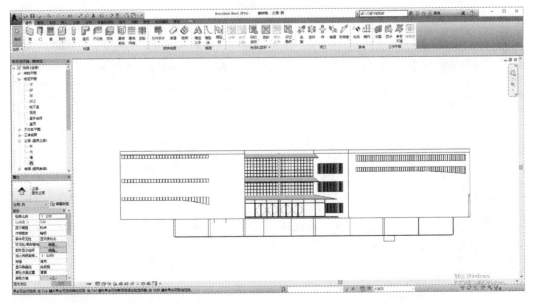

图 4-195

"间距"设为"800.0"，设置完成后单击"确定"按钮。调整幕墙的"底部限制条件"和"顶部约束"调整幕墙位置，做法与上文相同。这样就完成了方格窗的创建，如图4-195所示。至此，就完成了全部窗的创建。

4.3.5.5 楼板及屋顶的创建

（1）楼板的创建 门窗创建完成后继续创建楼板和屋顶，将建筑垂直方向分层，具体做法如下。

单击"建筑"选项卡"楼板"按钮，选择"楼板·建筑"，如图4-196所示，这时绘图区就会进入绘制楼板界面，选择"修改"面板"绘制"栏中的"拾取墙"按钮，如图4-197所示，单击目标墙体，绘制楼板轮廓，如图4-198所示。但是一些楼板模型线出现不

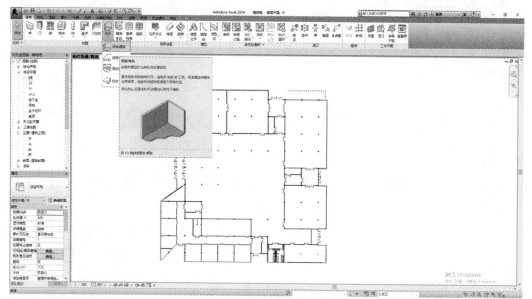

图 4-196

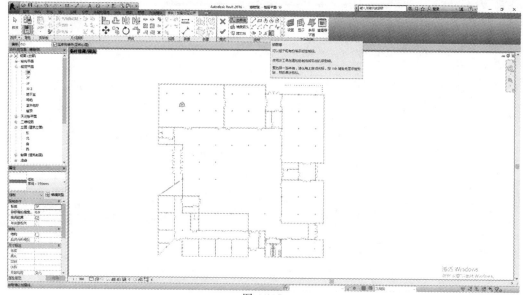

图 4-197

对齐，长度过长或过短的现象，则需要对其进行修改。利用"修改"面板"修改"栏中的"对齐""修剪"按钮对楼板模型线进行调整，调整后的楼板模型线如图 4-199 所示，然后单击"模式"栏中的"对号"按钮，完成编辑。利用同样的方法将二层、三层以及地下室的楼板创建出来。在后面的楼梯创建过程中还要对楼板进行修改，应将楼梯处留出洞口，操作方法与此处相同，后面不再重复操作。

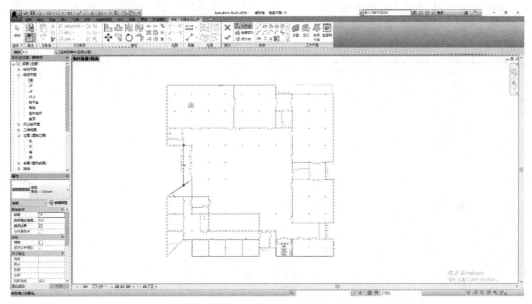

图 4-198

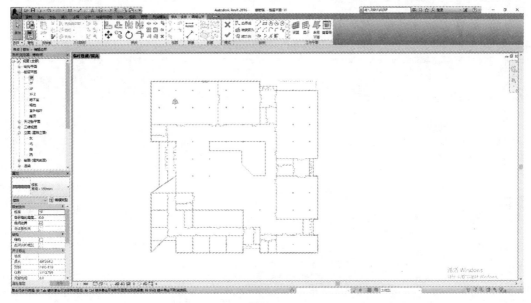

图 4-199

（2）屋顶的创建　屋顶的创建方法与楼板类似，打开"项目浏览器"中屋顶平面，单击"建筑"选项卡"屋顶"按钮，选择"迹线屋顶"进入绘制屋顶界面，如图 4-200

所示。选择"修改"面板"绘制"栏中的"拾取墙"按钮，单击目标墙体，绘制楼板轮廓，利用"修改"面板"修改"栏中的"对齐""修剪"按钮对屋顶模型线进行调整，调整后的屋顶模型线，如图4-201所示。由于本案例的屋顶是平屋顶，所以选中所有的屋顶模型线，将"定义坡度"取消勾选，单击"模式"栏中的"对号"按钮，完成编辑。在中间预留部分创建玻璃斜窗以增加中庭采光，做法与屋顶做法相同，在创建完成后选中目标屋顶，在"属性浏览器"中单击"屋顶类型"按钮，选择"玻璃斜窗"，如图4-202所示，至此，即完成了屋顶的创建，如图4-203所示。

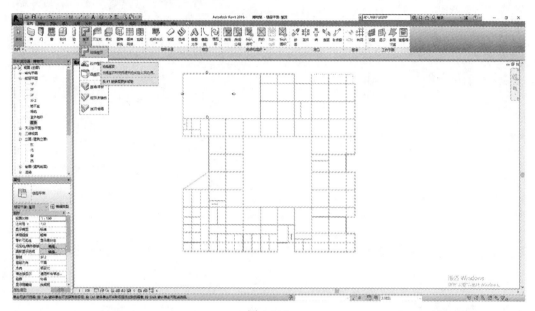

图 4-200

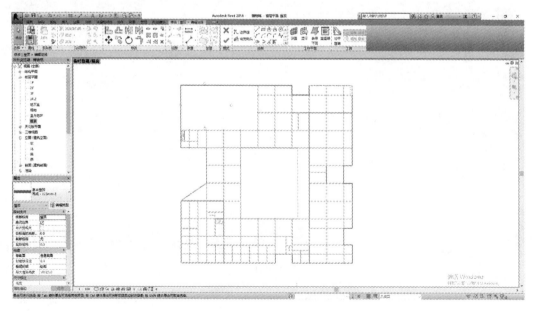

图 4-201

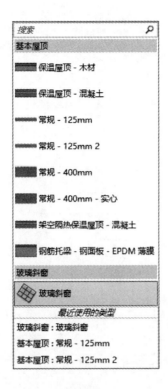

图 4-202

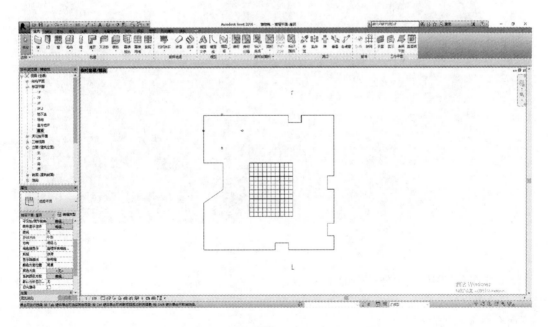

图 4-203

继续利用屋顶在出入口处绘制雨篷，做法与上文相同，如图 4-204 所示。将一边的"定义坡度"勾选出来，使雨篷倾斜，利用此方法将所有雨篷创建出来，如图 4-205 所示。

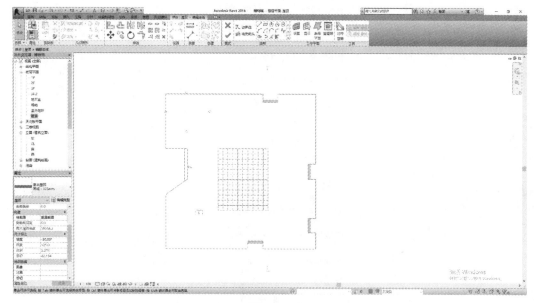

图 4-204

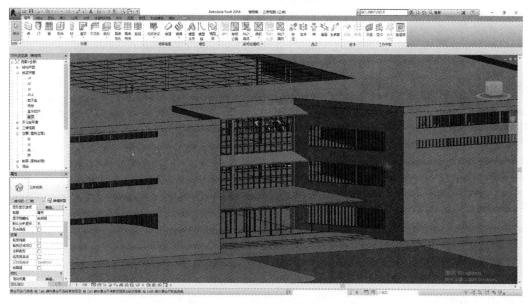

图 4-205

4.3.5.6 楼梯、栏杆扶手的创建

（1）楼梯的创建　楼梯是楼层间垂直交通的主要构件，也是安全疏散的主要构件，下面介绍楼梯绘制。

单击"建筑"选项卡"楼梯"按钮，选择"楼梯（按草图）"进入楼梯绘制界面，如图 4-206 所示，然后单击"属性浏览器"中的"编辑类型"按钮，进行"复制并重命名"操作，调整"最小踏板深度"为"300.0"，"最大梯面高度"为"150.0"，如图 4-207 所示，调整完成后单击"确定"按钮。

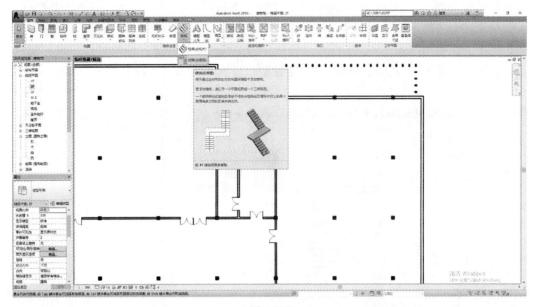

图 4-206

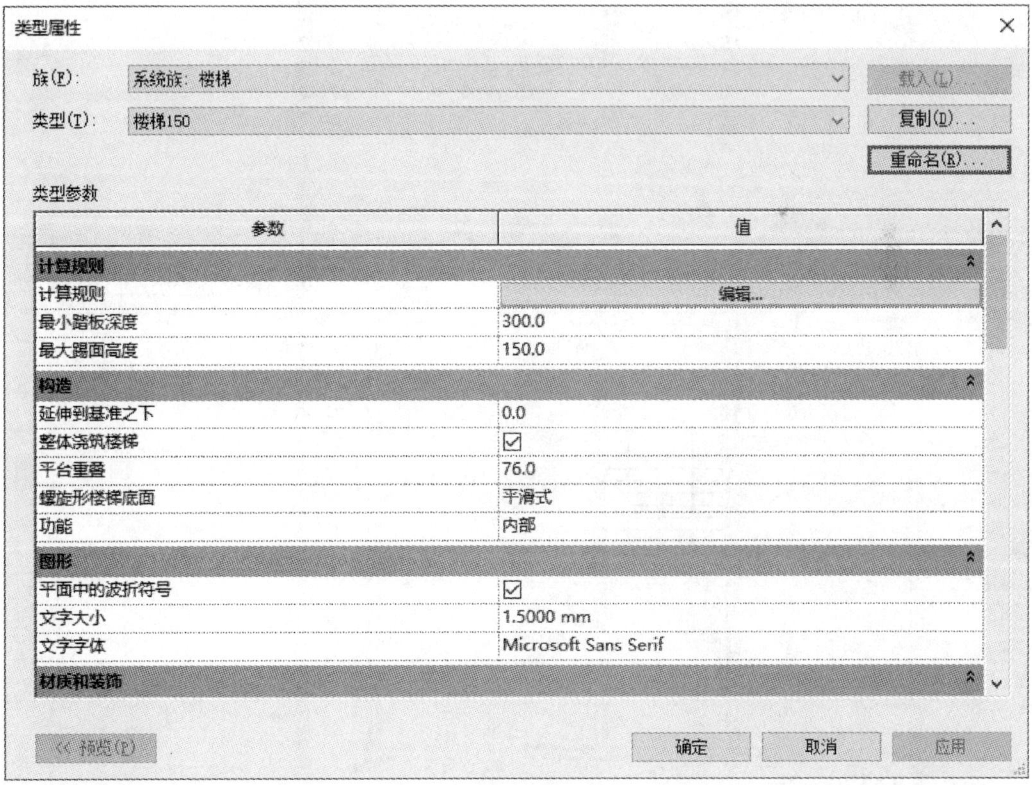

类型属性   ×

族(F):   系统族: 楼梯   ∨   载入(L)

类型(T):   楼梯150   ∨   复制(D)...

                                                         重命名(R)...

类型参数

参数	值
计算规则	
计算规则	编辑...
最小踏板深度	300.0
最大踢面高度	150.0
构造	
延伸到基准之下	0.0
整体浇筑楼梯	☑
平台重叠	76.0
螺旋形楼梯底面	平滑式
功能	内部
图形	
平面中的波折符号	☑
文字大小	1.5000 mm
文字字体	Microsoft Sans Serif
材质和装饰	

<< 预览(P)   确定   取消   应用

图 4-207

然后在"属性浏览器"将楼梯的"底部标高"设为"1F","顶部标高"设为"2F",再将"尺寸标注"栏下的"宽度"调整为"1500.0",此时 Revit 会自动计算出所需要的梯面数，在绘制楼梯时就可以确定每一个梯段的梯面数，然后开始绘制楼梯。本案例楼梯为四跑楼梯，在指定处单击鼠标确定楼梯第一梯段起点，然后向上拖动鼠标，创建9级梯面，如图4-208所示。将鼠标向左移动保持与第一梯段最后一级梯面平行，在指定位置单击鼠标向下拖动鼠标创建第二梯段9级梯面，如图4-209所示。

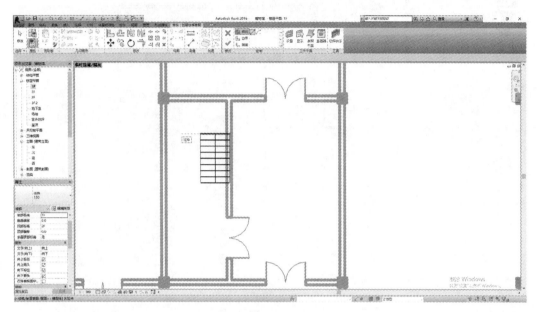

图 4-208

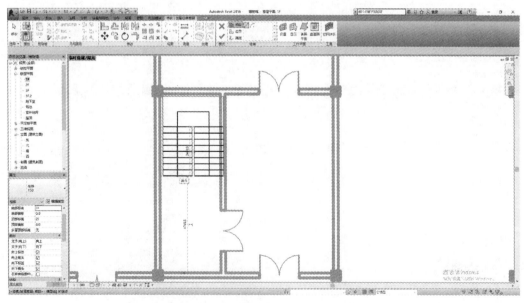

图 4-209

　　第三梯段起点与第一梯段相同，再次单击第一梯段起点并向上拖动鼠标绘制9级梯面。第四梯段起点与第二梯段相同，单击第二梯段起点，将第四梯段绘制出来，如图 4-210 所示，至此四跑楼梯就绘制完成了，单击"模式"栏中的"对号"按钮，得到绘制完成的楼梯，如图 4-211 所示。

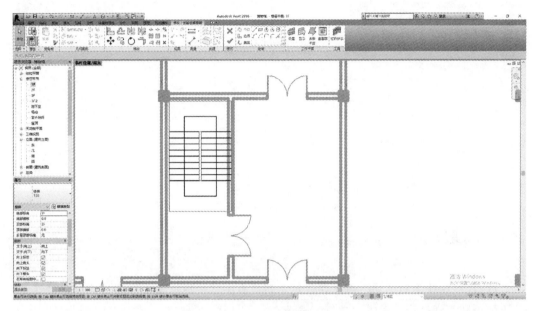

图 4-210

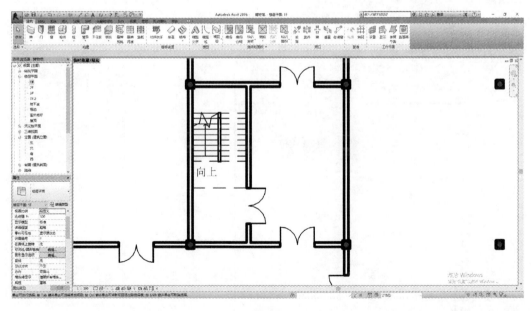

图 4-211

利用此方法，将所有楼梯绘制出来，如图 4-212 所示。

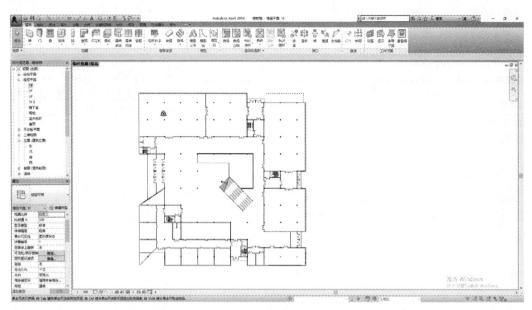

图 4-212

（2）栏杆扶手的创建　由于在建筑中间设有中庭，所以要在中庭处绘制栏杆扶手，扶手的绘制非常简单，单击"建筑"选项卡"栏杆扶手"按钮，选择"绘制路径"进入楼梯绘制界面，如图 4-213 所示，然后在指定位置处单击鼠标确定起点，拖动鼠标至终点，如图 4-214 所示。单击"模式"栏中的"对号"按钮，完成绘制。利用此方法绘制出所有栏杆扶手，如图 4-215 所示。

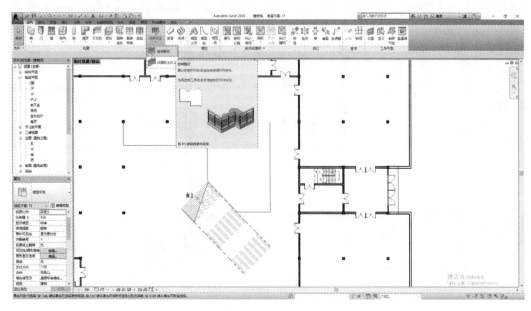

图 4-213

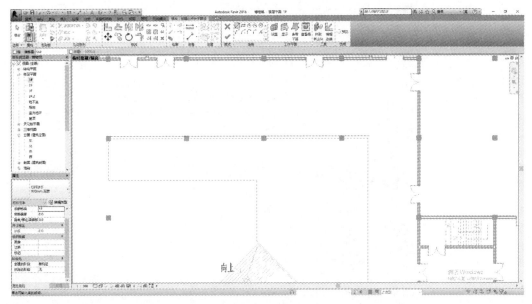

图 4-214

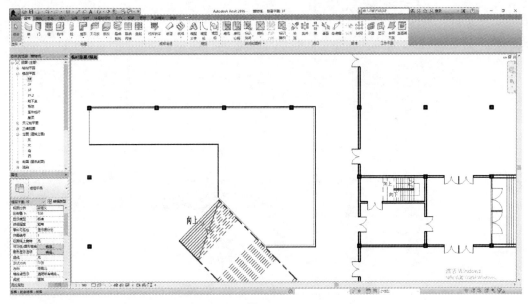

图 4-215

4.3.5.7 台阶和女儿墙的创建

（1）台阶的创建 由于室内标高要高出室外标高，所以在出入口处要设置台阶，台阶的做法要利用族来完成。

单击"应用程序菜单"按钮，单击"新建"，选择"族"，如图 4-216 所示。

在"选择样板文件"文件夹下选择"公制轮廓"进入族绘制界面，选择"创建选项卡"下的"直线"选项，在绘图区绘制梯面深度"300.0"，梯面高度"150.0"的台阶轮廓，如图 4-217 所示，然后保存，保存后单击"族编辑器"一栏中的"载入到项目"。

图 4-216

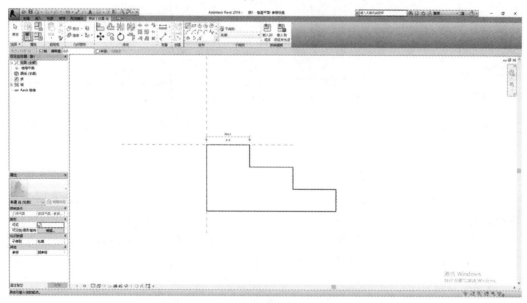

图 4-217

回到项目文件，单击"建筑"选项卡"楼板"按钮，选择"楼板·楼板边缘"，单击"编辑类型"按钮，在"轮廓"栏中选择刚才创建的族，如图 4-218 所示，单击"确定"按钮。在指定位置单击楼板的边缘，创建台阶，如图 4-219 所示。利用此方法将全部台阶创建出来。

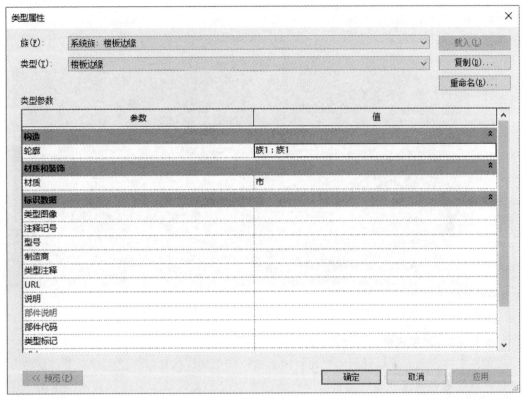

图 4-218

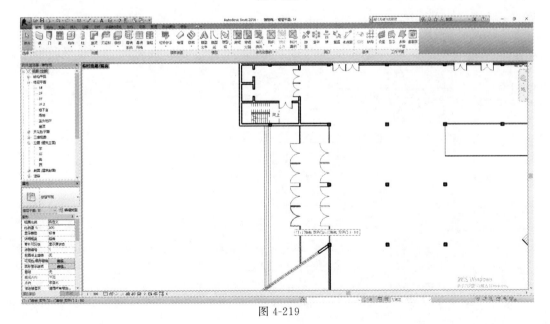

图 4-219

（2）女儿墙的创建　女儿墙的创建方法与台阶相同，也利用"公制轮廓"创建族然后载入到项目中，这里不再重复操作，女儿墙的高度设为800mm，宽度设为120mm，单击"建筑"选项卡"屋顶"按钮，选择"屋顶·封檐板"，利用与创建台阶同样的方法将女儿墙创建出来，如图4-220所示。

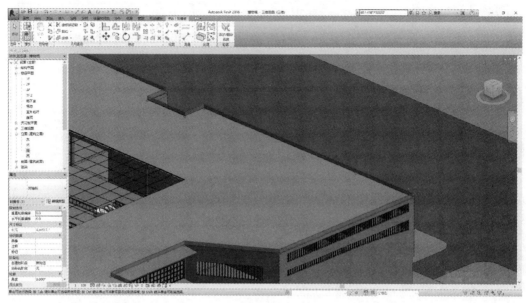

图 4-220

4.3.5.8　放置构件

建筑主体创建完成后开始布置建筑内部的一些电梯、扶梯以及卫生器具等，这些工作可以通过放置构件来完成，做法没有新操作，与上文的载入族操作相同。单击"建筑"选项卡"构件"按钮，选择"放置构件"，如图4-221所示，然后在指定位置将载

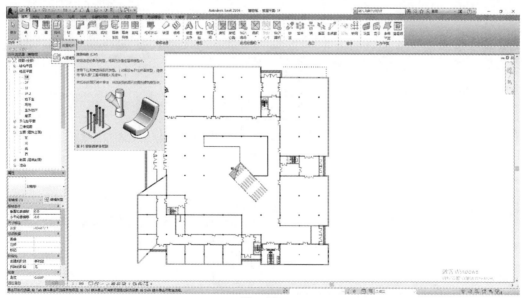

图 4-221

入的扶梯构件放置上去，如图 4-222 所示，利用此方法将电梯、扶梯及卫生器具等全部放置好。

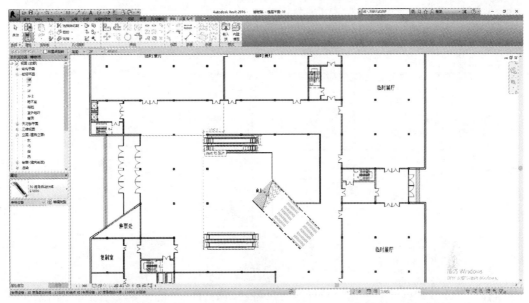

图 4-222

4.3.5.9 标注房间以及尺寸

（1）房间的标注　在项目中将房间的名称标注出来，房间标注还可以显示房间的面积等信息。单击"建筑"选项卡中的"房间和面积"栏中"房间"按钮，拖动鼠标到指定房间再次单击鼠标，如图 4-223 所示，双击房间文字修改房间名称，如图 4-224 所示。利用此方法将所有房间标注出来。

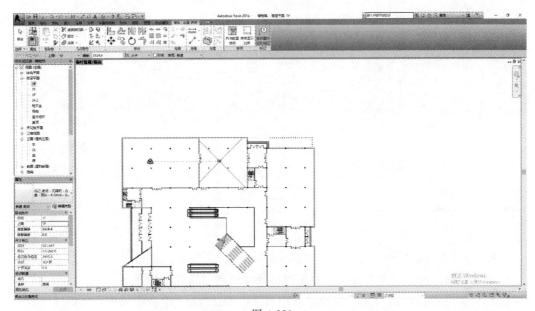

图 4-223

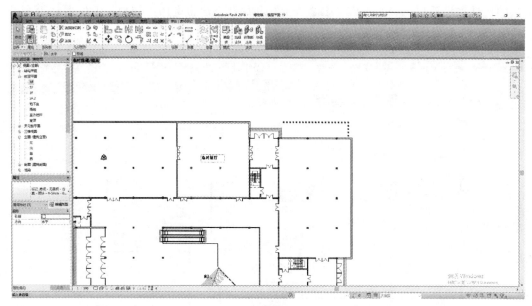

图 4-224

（2）尺寸线的标注　利用尺寸标注可以将建筑的开间、进深等尺寸线标注出来。单击"注释"选项卡"对齐"按钮，然后顺次单击墙体或结构柱，Revit 会自动拾取中心线，将尺寸线标注出来，如图 4-225 所示。利用此方法将所有尺寸线标注出来。

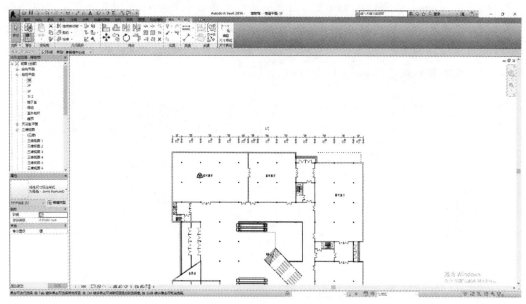

图 4-225

4.3.5.10　渲染

设计过程的最后一个步骤就是效果图渲染，单击"默认三维视图"下的"相机"按钮，打开"项目浏览器"中"室外地坪"视图，在指定位置放置相机，如图 4-226 所示，然后进入"项目浏览器"中"三维视图"，如图 4-227 所示。单击"视图"选项卡中的"渲染"按钮，调整渲染质量以及分辨率，渲染质量和分辨率越高，渲染所需要的时间越长，调整完毕后单击"渲染"按钮进行渲染，如图 4-228 所示。

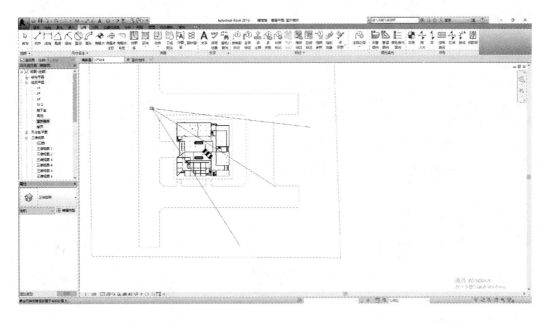

图 4-226

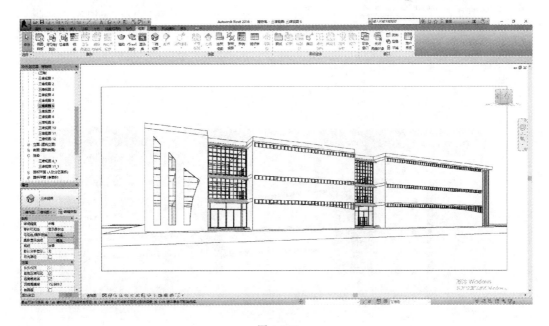

图 4-227

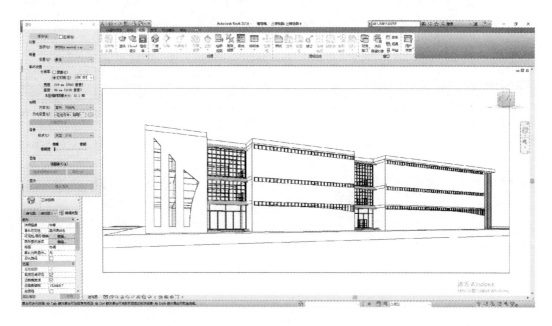

图 4-228

4.3.6 结语

渲染好的效果图可以导出图片，可以用 Ps 对图片进行处理，让效果图更漂亮，如图 4-229 所示，也可以通过将项目文件导入到 Lumion 软件中进行效果图渲染，还可以将三维视图导出 CAD 格式，利用 Vray 进行渲染。总之 Revit 可以和许多软件联合使用。

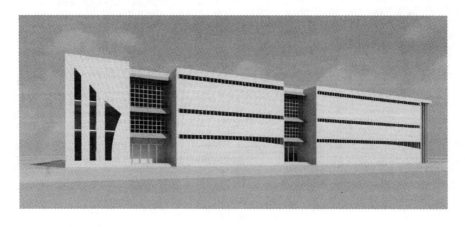

图 4-229

4.4 实际工程实践——某老年大学教学楼设计方案

4.4.1 项目简介

某市老年大学（图 4-230）是该市的重点项目，总建筑面积为 50752.88m^2。此项目为集艺术剧场、展览馆、书画院、图书馆、游泳馆、文体活动、教学、多功能大厅、办公等功能为一体的综合性建筑。

设计项目分为 A、B 两个区，地下一层，地上九层，建筑总高度为 40.30m，其中地下一层为设备用房及附属用房，地上部分为剧场、教学楼、游泳馆、办公楼、车库等。

图 4-230

4.4.2 BIM 应用实践

（1）老年大学 BIM 技术的实施主要包含 BIM 项目级应用、BIM 技术实施、BIM 协同平台三个方面，图 4-231。

老年大学主要定位为 BIM 项目级应用，针对老年大学项目管线复杂、工期紧、基础设施

图 4-231

可靠性要求高等特点，通过 BIM 技术并结合现场施工的实际情况搭建建筑、结构、水暖、电气等全专业模型，通过对模型的分析解决了原设计中各系统管线的错漏碰缺问题，为前期施工展开提供可靠的数据信息，将各系统管线最优化排布，大大减少了各系统管线在施工现场因碰撞问题而引起的返工，避免了由此产生的人工、材料浪费等情况的发生，保证了施工工期及项目质量，可为施工阶段及后期运维管理提供可靠的电子数据。通过 BIM 技术可以直观反映施工现场情况，方便业主与各专业之间的沟通。通过四维施工模拟与施工组织方案的结合，能够使设备材料进场、劳动力配置等各项工作的安排变得更为有效、经济，使业主能在第一时间了解现场的实际情况，在提高施工质量、把握施工进度等方面提供有利的数据信息。

（2）BIM 模型建立

① 新建项目。选择"新建→项目"命令，打开"新建项目"对话框，图 4-232。选择"建筑样板"，图 4-233，点击"确定"新建项目文件。

图 4-232

图 4-233

注意：在 Revit 中"建筑项目"一定要选择"建筑样板"，创建新的项目是项目开始的第一步。

② 创建标高。在 Revit 里面标高只有在立面或者剖面视图中才能使用，在平面视图命令栏是灰显模式。在项目开始时首先在"项目浏览器"中选择"立面视图"，双击视图名称进入立面视图。图 4-234。

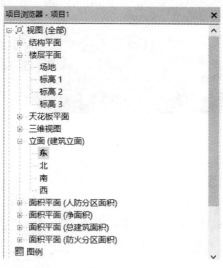

图 4-234

点击"标高"命令（图 4-235）。

选择直线绘制"标高2"，图4-236。

图4-235   图4-236

创建标高后可以选择"标高2"，通过修改"标高1"和"标高2"中间数值进行修改"标高1"和"标高2"中间的尺寸间距。创建标高后可以利用"复制"进行标高3的绘制。双击标头，输入数字也可对标高间距进行修改。

注意：在Revit中通过复制创建的标高标头都是黑色显示，并且不会在"项目浏览器"楼层平面中创建新的视图，可以通过"平面视图"中"新建楼层"平面命令新建视图，同时选择标高可以调整上、下标头，并且进行标头隐藏设置。

③ CAD底图处理。老年大学项目为保证每层平面CAD底图能在BIM建模中有统一的原点坐标，首先用CAD打开建筑图纸，并且确定一点为坐标原点。本项目每张图纸A-A与A-1的交点设定为坐标原点，并且移动每张图纸的坐标原点到"0，0，0"的位置。图4-237。

此时原点设置完毕，同时可以清理不必要的图层，CAD中保留的元素越多，插入Revit里面就会越卡。这里需要注意如果是天正格式就需要导成T3版本，否则插入到BIM的底图有很多图元不显示。

④ 链接CAD底图。在Revit中选择"插入"命令选择"链接CAD"，图4-238。

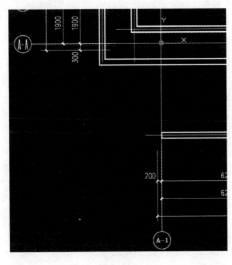

图4-237

图4-238

链接刚才处理好的CAD底图，这里要注意参数的设置。导入的单位选择"毫米"，如果有特殊单位要另行考虑，定位选择"原点到原点"，放置于在前面绘制的那层平面视图即可。图4-239。

图 4-239

点击"打开"会出现图 4-240 所示画面。

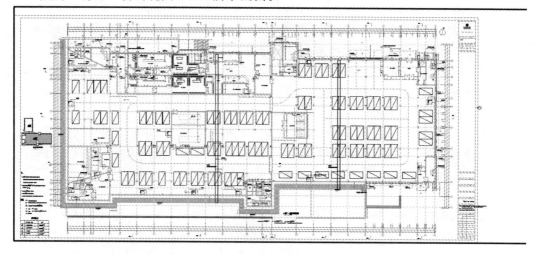

图 4-240

把 CAD 图纸链接到 Revit 里面，如果链接的图纸比较大，在 Revit 里面移动会比较卡，每个项目最开始是建立轴线，这时候可以隐藏其他图层，只保留轴线图层，这样会减少 CAD 底图的卡顿现象。单击打开"视图"按钮，图 4-241。

选择"可见性/图形"，选择导入的类别，图 4-242。

图 4-241

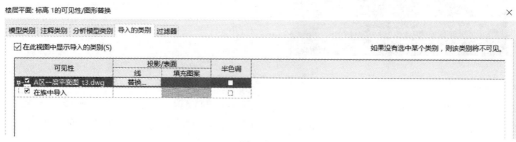

图 4-242

对每一张 CAD 底图也统一按照施工图的图纸名称命名，确保在 Revit 链接里面也能一目了然地找到对应的图纸，图 4-243。

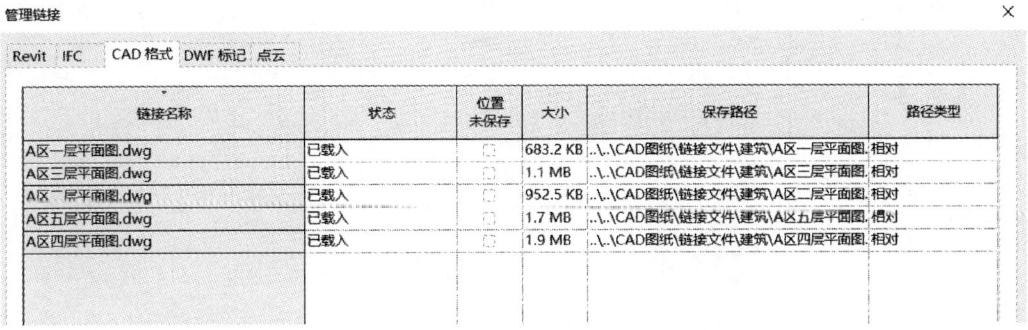

图 4-243

每一个项目的开始把规则命名好是最基本的要求。这样不但可以使模型数据统一，还有利于日后进行模型的运维管理。

选择要修改的 CAD 底图，在"可见性"里面选择需要保留的图层"AXIS"（轴号图层）"AXIS_TEXT"（轴号文字图层）"DOTE"（轴线图层），其他图层选择隐藏，对应的图层可以在 CAD 图纸里面找到，图 4-244。

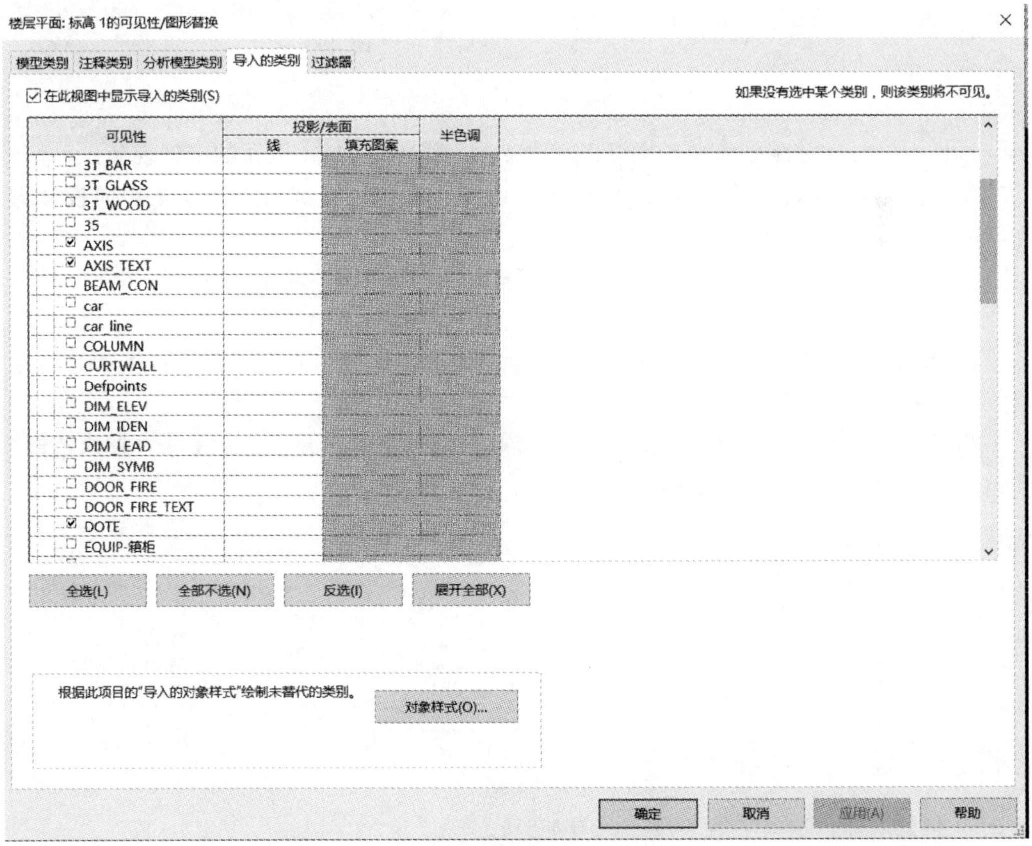

图 4-244

点击"确定"，当前绘制轴线的 CAD 底图便只显示需要的图层。图 4-245。

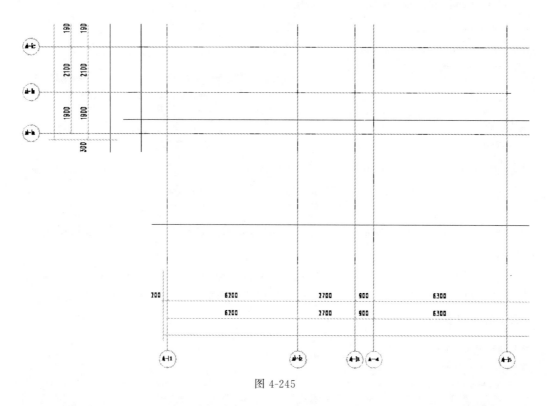

图 4-245

这样不但可以看得更清晰，也可以减少 CAD 底图在 Revit 里面的卡顿现象。

注意：Revit 逆行设计链接 CAD 底图可以参照底图进行翻模，如果是正向设计即在 Revit 中直接绘制图纸。

⑤ 创建轴网。在"项目浏览器"中选择任意一个平面视图，选择"轴网"，图 4-246。

选择直线或者拾取线命令，图 4-247。

在 Revit 中任何一个平面视图绘制一次轴网，其他平面、立面、剖面视图中将自动显示绘制的轴网。

当任何一层平面的轴网局部设置完成后可以通过选择"轴线"，选择"影响范围"使设置后的轴网也能在其他楼层平面上显示，图 4-248。

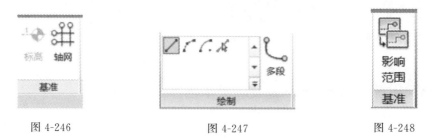

图 4-246　　　　　　　图 4-247　　　　　　　图 4-248

⑥ 创建墙体。选择"墙"命令，图 4-249。

在"墙体属性"栏中可以设置墙体的名称、厚度、材质、功能等相关信息。图 4-250。

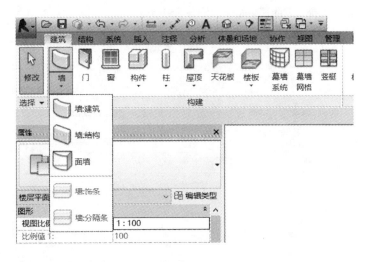

图 4-249

图 4-250

　　注意：为了使项目完成后能够到达统一的效果，在项目前期对样板中的墙体构件进行了统一的命名，同时对外部、内部、剪力墙、砌块墙等不同功能和类型的墙体进行材质和颜色的区分，可在模型中更清晰和直观地看到每个墙体的整体信息分布。

⑦ 创建门窗。选择"门窗"命令，图 4-251。

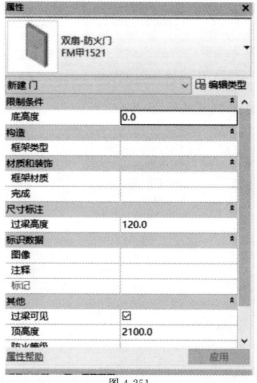

图 4-251

选择门的种类，通过"编辑类型"可以修改门的类型、名称、尺寸、材质等相关信息。窗的创建参见门。

注意：当项目中没有想要的门窗构件时，可以通过插入族的方式载入新的门窗类型，同时在放置门窗时可以选择在放置时进行标记。当门窗建立完成，可以动过按空格键进行上下左右翻转，便于快速调整门窗的开启方向。

⑧ 创建楼板。选择"楼板"命令，图 4-252。

选择"楼板类型"，通过"编辑类型"可以修改楼板的类型、名称、材质等相关信息。图 4-253。

注意：绘制必须是一个闭合的线并且不能有相交位置。通过楼板形状编辑功能可以修改楼板的局部标高。

图 4-252

图 4-253

4.4.3 应用成果

BIM 技术实施主要包括前期策划、设计阶段应用、项目策划、施工阶段应用、机电装配式应用、内装阶段应用、信息管理及运维管理阶段的应用。

（1）前期策划阶段 主要通过 BIM 技术对方案进行 BIM 模型的维护、场地的分析、成本的估算和总图的各项指标的计算和优化模拟。

规划项目用地进行场地模拟，通过方案阶段的 BIM 模型进行容积率、绿地率、建筑密度等条件的评估，同时通过 BIM 模型进行总图中的道路、绿地以及竖向和外网的综合模型的优化，可从中得出最优的布置方案。

（2）协同设计 协同设计是当下设计行业技术更新的一个重要方向，也是设计技术发展的必然趋势，它可以把分布在不同区域、不同专业的人员通过网络连接到一起。协同设计是建筑信息化与互联网技术相结合的产物。传统的协同设计是基于二维平台，并不能实现多专业的实时协同工作和信息交流。BIM 协同设计的出现就不单是

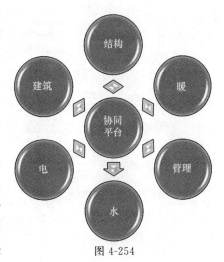

图 4-254

简单的文件参照链接，它以 BIM 协同为基础，通过 BIM 技术贯穿于整个建筑生命周期，能够大幅度提高工作效率。图 4-254。

（3）管线综合　随着建筑复杂的使用功能和单体规模的增加，传统二维的设计深度已经发现不了施工现场的一些复杂问题。通过搭建 BIM 模型，可以直观地在三维环境内发现设计阶段的碰撞问题，这不仅能及时排出施工环节的各项问题，还能大大减少施工阶段的变更和拆改问题，从而减少施工阶段的成本浪费和节约工期。利用 BIM 技术中三维可视化功能，在施工前期预建模型，通过直观 BIM 三维虚拟漫游，将项目以立体形式呈现在业主面前，使业主提前感受到了建筑建成效果，并且通过在方案阶段对模型进行调整，确定得出最佳方案。图 4-255。

图 4-255

（4）管线碰撞检测及优化　通过软件的碰撞检测功能自动查找项目中发生碰撞的构件的具体位置，生成检查报告，并根据结果避让碰撞和优化相应位置的管线布置方案。图 4-256。

碰撞检查　　　　　　冲突报告　　　　　　位置定位　　　　　　管线优化

图 4-256

（5）净空分析　建筑的净高对于设计起着至关重要的影响。通过建筑信息模型的搭建，可以对建筑在设计阶段提前分析出各个区域的净空分析，并且可判断每个空间的使用是否合理。图 4-257。

图 4-257

（6）工程量统计　在 CAD 二维图纸中，计算机无法自动识别图纸中的工程量信息，所以需要人工通过图纸或者去重新通过 CAD 图纸二次建模提取信息。前者会大量消耗人工和时间成本，并且容易出现错漏现象，而在 BIM 模型下的工程量统计，只需把建好的模型导入相关的计价软件中，并且套入即可。

（7）精装修　通过模型精细化设计，在模型中提前进行施工预演，通过管线合理的优化排布，这样就可以对灯具、插座、探测器、喷淋、地砖、墙砖等部位进行精准的定位，可避免施工后的墙体破坏、重新抛沟等现象的发生。同时对隐蔽工程部位进行模型的存档，可为日后二次装修或者维修阶段的管理提供精准的依据。

（8）BIM 图纸出图　传统通过 CAD 二维设计出图，会存在很多错漏碰缺的问题，还会出现单专业或者多专业图纸不交圈等现象，很多问题在施工阶段才发现，严重影响了施工工期、施工成本和施工质量。通过 BIM 精细化设计，可以提前把施工现场在计算机中搭建出来，在设计阶段提前对建筑的使用空间及机电管线进行优化，同时根据优化后的图纸打印成平面图纸，便于施工单位在现场指导施工。

参 考 文 献

［1］ 赵雪锋. BIM 建模软件原理 ［M］. 北京：中国建筑工业出版社，2017.

［2］ 韩风毅，薛菁. BIM 机电工程模型创建与设计 ［M］. 西安：西安交通大学出版社，2017.

［3］ BIM 工程技术人员专业技能培训用书编委会. BIM 设计施工综合技能与实务 ［M］. 北京：中国建筑工业出版社，2016.

［4］ BIM 工程技术人员专业技能培训用书编委会. BIM 工程师专业技能培训教材 ［M］. 北京：中国建筑工业出版社，2016.

［5］ 廖小烽，王君峰，Revit2013/2014 建筑设计火星课堂 ［M］. 北京：人民邮电出版社，2014.

［6］ 杨宝明. BIM 改变建筑业 ［M］. 北京：中国建筑工业出版社，2016.

［7］ ［美］卡伦 M 肯塞克. BM 导论 ［M］. 林谦，孙上，陈亦雨，译. 北京：中国建筑工业出版社，2017.

［8］ ［美］罗伯特 S 韦甘特. BIM 开发 ［M］. 张其林，吴杰，译. 北京：中国建筑工业出版社，2016.